国家林业和草原局职业教育"十四五"规划教材

生物多样性保护与森林文化

（第2版）

林向群　张朴仙　主编

中国林業出版社
CFPH China Forestry Publishing House

图书在版编目(CIP)数据

生物多样性保护与森林文化 / 林向群，张朴仙主编
. —2 版. —北京：中国林业出版社，2024. 3
国家林业和草原局职业教育“十四五”规划教材
ISBN 978-7-5219-2456-5

Ⅰ. ①生… Ⅱ. ①林… ②张… Ⅲ. ①林业-生物多样性-生物资源保护-中国-高等职业教育-教材 Ⅳ. ①S718

中国国家版本馆 CIP 数据核字(2023)第 231594 号

策划编辑：田　苗　郑雨馨
责任编辑：郑雨馨
责任校对：苏　梅
封面设计：北京智周万物文化传播有限公司

出版发行：中国林业出版社
(100009，北京市西城区刘海胡同 7 号，电话 83223120)
电子邮箱：jiaocaipublic@163. com
网址：www. cfph. net
印刷：河北京平诚乾印刷有限公司
版次：2016 年 2 月第 1 版(共印 8 次)
2024 年 3 月第 2 版
印次：2024 年 3 月第 1 次印刷
开本：787mm×1092mm　1/16
印张：11. 25　彩插 16
字数：220 千字
定价：42. 00 元

数字资源

《生物多样性保护与森林文化》(第2版)
编写人员

主　　编：林向群　张朴仙

副 主 编：刘　强　牛焕琼　林光辉　李家华

编写人员：(按姓氏笔画排序)

王雨芊(云南林业职业技术学院)

牛焕琼(云南林业职业技术学院)

白　冰(云南林业职业技术学院)

冯思勤(云南龙陵省级小黑山自然保护区管护局)

乔　璐(云南林业职业技术学院)

刘　强(云南林业职业技术学院)

苏腾伟(云南林业职业技术学院)

李家华(云南高黎贡山国家级自然保护区保山管护局隆阳分局)

张朴仙(云南林业职业技术学院)

林光辉(云南林业职业技术学院)

林向群(云南林业职业技术学院)

柯碧英(广东生态工程职业学院)

唐志强(湖北生态工程职业技术学院)

《生物多样性保护与森林文化》（第1版）
编写人员

主　　编： 林向群

副 主 编： 牛焕琼　林光辉

编写人员：（按姓氏笔画排序）

王雨芊　牛焕琼　白　冰　乔　璐

苏腾伟　李维锦　林光辉　林向群

第 2 版前言

生物多样性对地球和人类的重要性毋庸置疑，当下如何从实践角度开展生物多样性保护已成为生态环境领域研究和应用的热点。为了未来能够更好地参与生物多样性保护工作，高职学生应树立“绿水青山就是金山银山”的理念，成为自觉尊重大自然、保护生物多样性、维护生态平衡的倡导者和践行者，这是符合时代发展需要的。本教材结合高职学生的特点，以职业教育特征为基本要求，依据“学中做、做中学”的理念搭建教材的构架，以走进生物多样性、抢救生物多样性、保护生物多样性 3 个方向展开教材构建，主要内容包括生物多样性的价值、物种多样性、遗传多样性、生态系统多样性、生物多样性的威胁、濒危物种等级划分、生物多样性热点地区与关键区域、生物多样性保护途径与方法、生物多样性法律法规等。并在此基础上，围绕“项目教学，任务驱动”的教学方法，培养学生分析问题和解决问题的能力，做到内化于思想，外化于行动。本教材提供了大量数字资源，包含视频、微课、动画、图片、课件、虚拟仿真、练习题等，可通过扫描二维码进行学习。

本教材由云南林业职业技术学院林向群、张朴仙主编。具体编写分工如下：林向群编写任务 2-3、任务 3-1、任务 3-3，张朴仙编写任务 1-1，刘强编写任务 1-2，牛焕琼编写任务 1-3，林光辉编写任务 2-2 中的 7 及知识拓展，李家华编写任务 2-2 中的 5、6，乔璐编写任务 2-1，白冰编写任务 2-2 中的 1、2、3、4，王雨芊编写任务 1-4，苏腾伟编写任务 3-2 中的 9、10，唐志强编写任务 3-2 中 1、2、3；柯碧英编写任务 3-2 中 4、5、6，冯思勤编写 3-2 中 7、8。全书由云南林业职业技术学院林向群负责统稿。

本教材在编写过程中参考、引用了大量已出版和发表的文献资料，得到了云南省森林自然中心、云南省高黎贡山国家级自然保护区、云南省大山包自然保护区等单位的大力支持，在此表示诚挚的感谢。

由于编者水平有限，教材中难免存在不足，敬请各位读者、专家和同行批评指正。

编者

2023 年 12 月

第1版前言

本教材以专题的形式展现生物多样性保护和森林文化的相关内容。专题一走进生物多样性的主要内容涉及生物多样性公约提出的概念、生物多样性3个层次的认识、生物多样性概况；专题二抢救生物多样性的主要内容涉及生物多样性的威胁现状、受威胁的原因、濒危物种认识；专题三保护生物多样性的主要内容涉及生物多样性热点地区与关键区域介绍、生物多样性保护措施与途径；专题四森林文化与生物多样性的主要内容涉及森林文化的内涵与特征、森林文化与生物多样性的关系。本教材的结构是以“学生主体、行动导向”的形式开展的专题活动架构，学生通过亲身实践，深刻体会到生物多样性保护的重要性以及森林文化的内涵，由此让学生们自觉地成为生态保护的践行者和倡导者。

由于时间和编者水平有限，难免有疏误之处，敬请读者批评指正。

编者

2016年1月20日

目 录

课程导入

生物多样性是人类生存之本，是地球生命支持系统的核心组成部分，为人类提供了生活资源和生存环境。生物多样性是全人类共有的宝贵财富，它维护着自然界的生态平衡，并为人类的生存提供良好的环境条件。然而，随着人口的迅速增长和人类活动的加剧，生物多样性受到了严重的威胁，正以前所未有的速度丧失，生物多样性破坏成为当今世界性环境问题之一。

丰富多样的生物，是地球经过几十亿年演化的结果，也是人类文明发展的基础。例如，全球有 20 多亿人依赖木材燃料来满足其初级能源需求，约 40 亿人的健康保健依赖天然药物，用于治疗癌症的药物中约 70%是天然药物或源于自然的合成药品，全球 75%以上的粮食作物依靠动物传粉，海洋和陆地生态系统每年的固碳总量相当于全球人为碳排放量的 60%。

中国是世界上生物多样性最丰富的国家之一，拥有森林、草地、荒漠、湿地、海岛、海湾、红树林、珊瑚礁、海草床、河口和上升流等多种类型自然生态系统，还有农田、城市等人工、半人工生态系统。同时，我国生物遗传资源丰富，是水稻、大豆等重要农作物起源地，种植和养殖规模均居世界第 1 位。我国是世界上生物多样性最丰富的国家之一，已记录陆生脊椎动物 3000 多种，占全球种类总数的 10%以上；有高等植物 3. 57 万余种，居全球第 3 位。

2010 年 9 月，联合国第 65 届大会第 161 号决议宣布，2011—2020 年为“联合国生物多样性十年”，希望各成员国采取行动，推动实现 2020 全球生物多样性保护目标。

2010 年 10 月，《生物多样性公约》缔约方大会第十次会议（COP10）在日本爱知县举办，会上通过了《2011—2020 年生物多样性战略计划》，战略中的 5 个战略目标及相关的 20 个纲要目标统称为“爱知生物多样性目标”。其宗旨是激励所有国家和利益相关方在联合国生物多样性十年期间采取措施，推动目标实现。

2016 年“国际生物多样性日”的主题为：“生物多样性主流化，维持人类的生存与生计。”时任联合国秘书长潘基文在生物多样性国际日致辞中呼吁：生物多样性是 2030 年可持续发展议程中一个贯穿各领域的重要问题，所以各国必须在将生物多样性纳入主流以及改变社会如何看待和管理生物多样性等方面取得进展。

生物多样性是一个描述自然界多样性程度的内容广泛的概念，包含景观多样性、生态系统多样性、物种多样性、遗传多样性等多个层次。近年来，生物多样性也涉及“人”与文化层面，生态文明理念开始融入保护机制。2019 年 9 月，生态环境部与《生物多样性公约》秘书处共同发布了缔约方大会第十五次会议(COP15)大会主题：“生态文明：共建地球生命共同体。”这一主题，旨在倡导推进全球生态文明建设，强调人与自然是生命共同体，强调尊重自然、顺应自然和保护自然，努力达成公约提出的到 2050 年实现生物多样性可持续利用和惠益分享，实现“人与自然和谐共生”的美好愿景。党的二十大报告提出，要“提升生态系统多样性、稳定性、持续性。以国家重点生态功能区、生态保护红线、自然保护地等为重点，加快实施重要生态系统保护和修复重大工程。推进以国家公园为主体的自然保护地体系建设。实施生物多样性保护重大工程。”

项目1 走进生物多样性

知识目标

掌握生物多样性的概念、内涵、价值、本质特征。

技能目标

认识物种多样性、遗传多样性和生态系统多样性；会归纳分析当地生物多样性现状、特点。

素养目标

形成生物多样性保护意识和行动自觉性。

任务 1-1 认识生物多样性

任务描述

组织学习者围绕生物多样性专题开展讨论。以小组为单位阐述主题和观点，其他人员参与讨论，教师进行引导和评价。

知识准备

1. 生物多样性保护产生的背景

20 世纪中叶开始，国际社会在发展经济的同时更加关注生物资源的保护问题，并且在拯救珍稀濒危物种、防止自然资源的过度利用等方面开展了很多工作。

1948 年，联合国和法国政府创建了国际自然与自然资源保护联盟(International Union for Conservation of Nature and Natural Resources，IUCNNR)，后更名为世界自然保护联盟(International Union for Conservation of Nature，IUCN)。

1961 年，世界野生生物基金会(World Wildlife Fund，WWF)建立。

1971 年，联合国教科文组织(United Nations Educational，Scientific and Cultural Organization，UNESCO)提出了著名的“人与生物圈计划”。

1980 年，由 IUCN 等国际自然保护组织编制完成的《世界自然保护大纲》正式颁布，该大纲提出了要把自然资源的有效保护与资源的合理利用有机地结合起来的观点，对世界各国加强生物资源的保护工作起到了极大的推动作用。

1987 年，世界环境与发展委员会(World Commission on Environment and Development，WCED)提出发展经济必须减少破坏环境的呼吁，这份划时代的报告题为《我们共同的未来》，它指出，人类已经具备既满足当代人需要，又不对后代人满足其需要的能力构成危害的可持续发展的能力；报告同时呼吁“一个健康的、绿色的经济发展新纪元”。

1992 年 6 月，在巴西里约热内卢召开了由各国首脑参加的环境与发展领域最大规模的联合国国际会议——环境与发展大会，在此次“地球峰会”上，签署了一系列有历史意义的协议，包括《联合国气候变化框架公约》(*United Nations Framework Convention on Climate Change*，UNFCCC，以下简称《气候变化公约》)和《生物多样性公约》(*Convention on Biological Diversity*，CBD)。《气候变化公约》的目标是控制二氧化碳（CO_2）等温室效应气体排放。《生物多样性公约》是一项保护地球生物资源的国际性公约，于1993年12月29日正式生效。该公约具有法律约束力，旨在保护濒临灭绝的动植物和地球上多种多样的生物资源。常设秘书处设在加拿大的蒙特利尔。联合国《生物多样性公约》缔约方大会是全球履行该公约的最高决策机构，一切有关履行《生物多样性公约》的重大决定都要经缔约方大会通过。中国于1992年6月11日签署该公约，1992年11月7日批准。在所发布的《里约环境与发展宣言》（又称《地球宪章》）中指出，“地球提供了生命演化所必需的条件，生命群落的恢复力和人类的福祉依赖于：保护一个拥有所有生态系统、种类繁多的动植物、肥沃的土壤、纯净的水和清洁的空气的健全的生物圈。资源有限的全球环境是全人类共同关心的问题。保护地球的生命力、多样性和美丽是一种神圣的职责。”

发展中国家在开展与公约有关活动时可以从公约的财务机制中获得资助，如全球环境基金（Global Environment Facility，GEF）。GEF在生物多样性的丧失、气候改变、臭氧层耗竭和国际水资源的衰竭4个对全球环境具有重大作用的领域促进国际合作并提供资助。1991—2006年，GEF已向155个国家的750个项目提供了22亿美元资金，融资51.7亿美元。

这些公约提醒决策者，自然资源不是无穷无尽的，为21世纪提出一个崭新的理念——生物多样性的可持续利用，成为国际法的里程碑。公约第一次取得保护生物多样性是人类的共同利益和发展进程中不可缺少部分的共识，涵盖了所有的生态系统、物种和遗传资源，把传统的保护努力和可持续利用生物资源的经济目标联系起来；建立公平合理地共享遗传资源利益的原则，尤其是作为商业性用途；涉及快速发展的生物技术领域，包括生物技术发展、转让、惠益共享和生物安全等；尤为重要的是，公约具有法律约束力，缔约方有义务执行其条款。

《生物多样性公约》作为一项国际公约，认同了共同的困难，在此基础上，设定了完整的目标、政策和普遍的义务，同时组织开展技术和财政上的合作，但是能否达到这个目标的主要责任在缔约方自己。私营公司、土地所有者、渔民和农场主从事着大量影响生物多样性的活动，政府需要通过制定指导其利用自然资源的法规、保护国有土地和水域生物多样性等措施发挥领导职责。根据《生物条样性公约》，政府承担保护和可持续利用生物多样性的义务，政府必须发展国家生物多样性战略和行动计划，并将这些战略和计划纳入更广泛的国家环境和发展计划中，这对林业、农业、渔业、能源、交通和城市的合理规划尤为重要。

《生物多样性公约》(以下简称《公约》)规定，缔约方要根据国情，制定并及时更新国家战略、计划或方案。1994 年 6 月，经国务院环境保护委员会同意，国家环境保护局会同相关部门发布了《中国生物多样性保护行动计划》(以下简称《行动计划》)，确定了七大目标，26 项优先行动。《行动计划》的实施有力地促进了我国生物多样性保护工作的开展。2010 年 9 月，国务院常务会议审议通过《中国生物多样性保护战略与行动计划(2011—2030 年)》(以下简称《战略与行动计划》)，提出了中国生物多样性保护的三大战略目标：即近期目标，到 2015 年力争使重点区域生物多样性下降的趋势得到有效遏制；中期目标，到 2020 年努力使生物多样性的丧失和流失得到基本控制；远景目标，到 2030 年使生物多样性得到切实保护。

作为《生物多样性公约》较早的缔约方之一，中国一直积极参与有关公约的国际事务，就国际履约中的重大问题发表意见。中国还是世界上率先完成公约行动计划的少数国家之一。发布于 1994 年的《行动计划》，使大量保护生态环境的活动有章可循。《战略与行动计划》明确了中国多样性保护工作的指导思想、基本原则、目标任务和保障措施等。依据《中华人民共和国野生动物保护法》，破坏野生动物资源的犯罪行为将一律受到处罚，其处罚最高可判处死刑。

政府有关部门重视对生物资源的有效保护。2003 年 1 月，中国科学院倡导启动一项濒危植物抢救工程，计划在 15 年内将所属 12 个植物园保护的植物种类从 1.3 万种增加到 2.1 万种，并建立总面积为 458 km^2 的世界最大的植物园。此项工程中，用于收集珍稀濒危植物的资金超 3 亿元，以秦岭、武汉、西双版纳和北京等地为中心建设基因库。

拯救濒危野生动物工程也初见成效，全国已建立 250 个野生动物繁育中心，专项实施大熊猫、朱鹮等七大物种的拯救工程。被视为中国“国宝”，也被称为动物“活化石”的大熊猫野生种群数量保持在 1000 只以上，生存环境持续改善；朱鹮种群数量由 7 只增加到 250 只左右，濒危状况得以进一步缓解；扬子鳄的人工饲养数量接近 1 万条；海南坡鹿由 26 只增加到 700 多只；遗鸥种群数量由 2000 只增加到超过 1 万只；难得一见的老虎也不时在东北、华东和华南地区现身；对白鱀豚人工繁殖的研究正在加速进行；通过坚持不懈地打击盗猎，加上国际社会多个动物保护组织的配合，曾遭受疯狂非法屠杀致使其数量急剧下降的藏羚羊得以休养生息，数量稳定在 7 万只左右。

2018 年 9 月 21 日，云南通过了《云南省生物多样性保护条例》，于 2019 年 1 月 1 日起施行。

长江的生物多样性保护得到高度重视。习近平同志指出："长江拥有独特的生态系统，是我国重要的生态宝库。当前和今后相当长一个时期，要把修复长江生态环境摆在压倒性位置，共抓大保护，不搞大开发。"在长江流域已有国际重要湿地 18 处，湿地自然保护区 167 处，国家湿地公园 291 处。在长江中下游还有江豚自然保护区 4 个，白鱀豚自然保护区 2 个，中华鲟自然保护区 2 个，四大家鱼国家级种质资源保护区 4 个；在上游还有水生野生动物自然保护区 12 个，国家级水产种质资源保护区 23 个。

2. 生物多样性的概念

生物多样性资源是自然资源的重要组成部分，是可再生的资源，它涉及我们生活的方方面面，为我们提供衣、食、住、行所需的物质资料，是自然保护的主要内容。

《生物多样性公约》将生物多样性(biological diversity，biodiversity)定义为各种生物之间的变异性或多样性，包括陆地、海洋和其他水生生态系统，以及生态系统中各组成部分间复杂的生态过程。

据麦克尼利(McNeely)等的观点，生物多样性简单地说是生命有机体及其借以存在的生态复合体的多样性和变异性。汪松等总结指出，生物多样性是所有生物种类、种内遗传变异和它们的生存环境所组成的生态系统。

目前，生物多样性的 3 个主要层次是物种多样性、遗传多样性和生态系统多样性。这是生物组建的 3 个基本层次，其中物种多样性又是 3 个层次中最明显、最容易测定的。

生物多样性既是生物之间、生物与环境之间复杂关系的体现，也是生物资源丰富多彩的标志。它是对自然界生态平衡基本规律的一个简明的科学概括，也是衡量生产发展是否符合客观规律的主要尺度。一个区域或一个生态系统保护得是否完整，在很大程度上是由生物多样性的保护和利用是否合理来决定的。随着对生物多样性相互关系的研究不断深入，人们越来越注意到生态系统中生物多样性问题的重要，而生物多样性的保护正是集中在生态系统这个关键环节上。研究生物多样性的目的在于了解丰富的生物种类及其相互之间以及与环境之间复杂的相互关系，减缓当前物种日益濒临灭绝的趋势，使这些珍贵的自然遗产得到适当的保存。

3. 生物多样性的价值

生物多样性的价值包括比较容易觉察和衡量的直接价值，难以直接用货币形式表现的间接价值，以及使未来选择成为可能的选择价值等。

(1)生物多样性的直接价值

生物多样性的直接价值是通过生物物种被直接用作食物、药物、工业原料而体现出来的。这类价值通常可以用货币形式表现。

①粮食来源。生物多样性为人类提供了基本食物。人类历史上约有3000种植物被用作食物，另有75 000种可食性植物，当前被人类种植的约有150种。但目前人类90%的粮食来源于约20种植物，小麦、水稻、玉米、马铃薯、大麦、甘薯和木薯7种作物占人类所需粮食的75%；仅小麦、水稻和玉米3个物种就提供了70%以上的粮食。

②蛋白质来源。各种家畜、家禽、水产品为人类提供必需蛋白质和其他营养元素。全世界每年生产的水产品，其中一半以上来源于天然捕捞，这些产品有的直接上市供人类食用，也有的作为养殖饲料间接地为人类提供动物蛋白质。在中国，主要粮食作物为小麦、玉米、水稻和大豆，而蛋白质主要来源于牛、羊、猪、鸡、鸭等畜禽。在不发达的国家或地区，人们还依靠获取野生动植物作为食物。在加纳，人们所需蛋白质的75%来源于野生鱼类、昆虫和蜗牛等。在扎伊尔，人们所需的动物蛋白质也有约75%来源于野生资源。

③药物来源。药物资源来源于植物、动物和微生物。发展中国家人口的80%依赖植物或动物提供的传统药物，西药中使用的药物有40%添加了最初在野生植物中发现的物质。在中国，中医使用的植物药材逾1万种，如天麻、人参、茯苓、黄连、冬虫夏草、猴头和灵芝等。实验动物对医药研究、疫苗培育十分重要，有的动物成分可作为主要药物利用，如鹿茸、麝香能强健体魄，水蛭素可作为抗凝剂，蜂毒可治疗关节炎，蛇毒可控制高血压；有的则作为临床实验动物，帮助人类研究疾病的发展过程和药物的作用机理。微生物用于生产抗生素、酶制剂、有机溶剂、饮品、乙醇、氨基酸、维生素、菌肥等。

④工业原料。生物还为人类提供多种多样的工业原料。植物提供的原料有木材、纤维、橡胶、白蜡、紫胶、生漆、松脂、樟脑、单宁、染料等，动物提供的原料有油脂、蚕丝、皮革和羽毛等。

(2)生物多样性的间接价值

生物多样性的间接价值主要是维持生态平衡和维护环境稳定。主要表现在以下几个方面。

①维持物质和能量循环。绿色植物进行光合作用，将光能转化为化学能，把简单无机物(CO_2 和 H_2O)合成有机化合物($C_6H_{12}O_6$)，并储藏在有机物之中，实现了能量的转化。微生物能把动植物尸体进行分解，把复杂的有机物变

成简单的无机物。而光合作用是将无机物合成有机物，其与分解作用分解有机物相配合，从而完成了自然界中的物质循环。

②具有生态效益。以木本植物为主体形成的森林具有多种效益。它能调节气候、涵养水源、保持水土、防风固沙、降低噪声、净化空气，从而减少自然灾害的发生，维护生态平衡。

森林是一座“绿色的水库”。1 亩*林地比 1 亩无林地至少能多蓄水 20 m^3，5 万亩森林所能含蓄的水量相当于一座库容 100 万 m^3 的大水库。这是因为森林的林冠和林地松软的枯枝落叶层可以截留雨水，滞留地表径流，使雨水慢慢渗入林地。1 hm^2 森林在 24 h 内能吸收 1000 kg 二氧化硫，制造730 kg氧气，因此森林又是“绿色氧吧”。1 hm^2 松林每年可阻滞或吸附灰尘 36 t，云杉为32 t，水青冈、槭树和橡树混交林为 60 t；1 hm^2 柳杉每月能吸收约60 kg二氧化硫，所以森林又是“天然吸尘器”。一条宽约 40 m 的绿化林带，能使环境噪声降低 10~15 dB，分枝低矮、林冠浓密的乔灌混交林带消音效果最佳，人们又把森林看作是“活的消音器”。一片能分泌挥发性植物杀菌剂的森林，能杀死空气和土壤中部分病原菌，对空气和土壤进行消毒，人们也把森林看作是“天然防疫员”。

民间流传的谚语说明了森林的多种效益：“山上没有树，水土保不住；山上多栽树，等于修水库；有雨它能吞，无雨它能吐”“山上开荒，平地遭遇”“山地开荒，平地喝汤”“一道防风林，十年丰收粮”“山上没有树，庄稼保不住”“没有树就没有水，没有水就没有粮，没有粮就没有人”等。

③提高农业生产质量。野生植物的抗性(抗病性、抗旱性等)比栽培种强得多，把遗传缘种抗性基因引入驯化或栽培种，能大幅提农业生产力水平。

我国有超过 700 万群家养蜜蜂和近万种野生蜜蜂，它们是虫媒植物繁衍后代的“红娘”，尤其对多种农作物、果树、牧草、蔬菜和很多其他经济植物的产量和质量提高立下了汗马功劳。

④防治病虫害。生物多样性丰富的地区，一般不易发生灾难性病虫现象。因为生态系统中食物网各营养级上的生物都是相互制约的，任何一个物种都不可能无限增长，故处于平衡状态。人类活动使食物网遭到破坏，病虫害不时大规模发生，带来巨大经济损失和生态灾难。中国科学院昆明植物研究所西双版纳热带植物园和昆明生态研究所与地方合作，模拟热带环境，推广橡胶与茶叶间作，一方面减轻了橡胶树的冻害，另一方面也有效减少了虫害。据统计，胶

* 1 亩≈666.67 m^2。

茶群落中，有蜘蛛 123 种，蜘蛛吃掉了害虫，从而避免了在茶树上喷药。

⑤文化及科研价值。良好的自然景观为人类提供了居住、娱乐和休养的场所，多姿多彩的自然环境与生物也给人类带来美的享受，人们采用不同的方式利用生物资源开展娱乐活动和旅游活动，如参观动物园、野外观鸟、赏花、森林浴等，促进了人类身心的健康，也是艺术创造和科学发明的源泉，世界各地的饮食、建筑、服饰、宗教信仰等，与当地的自然环境、生物资源密切相关。艺术家以生物为源头创作了大量的艺术作品，如民间刺绣、绘画、写作、摄影、影视、雕刻等作品中永久的主题“花鸟鱼虫、野生动物、山川河流”；文学作品中那些经典的词语，如虎虎生威、马到成功、雄鸡齐鸣、气壮山河、高风亮节、出淤泥而不染、梅花香自苦寒来等，无不是受到大自然的启示，表现自然界及其生物的自然美和精神内涵。

物种多样性对科学技术的发展同样是不可或缺的，如仿生学的发展离不开丰富而奇异的生物世界。飞机源自人们对鸟类的模仿；船和潜艇源自人们对鱼类和海豚的模仿。被称为“四害”之一的苍蝇，其科研价值也非同一般。苍蝇的头部有一对触角，即非常灵敏的嗅觉感受器，科学家据此仿制出一种奇特的小型气体分析仪，该仪器的“探头”不是金属，而是活的苍蝇；苍蝇的楫翅是天然导航仪，科学家据此仿制振动陀螺仪，它能校正飞机、舰船和火箭的航向；苍蝇有一对复眼，科学家据此研制出“蝇眼相机”，一次可拍摄 1329 张相同的照片，其分辨率高达 4000 条线/cm；此外还研制出光学测速仪，可以测量转动的物体的速度。苍蝇特别是蝇蛆，含有丰富的蛋白质、脂肪以及钙、镁、磷等微量元素。且苍蝇繁殖能力在昆虫世界位居第一，一对苍蝇 4 个月内可生育 2660 亿个蝇蛆，可积累蛋白质 600 t 以上，是迄今用其他方法生产动物蛋白质无法相比的。不难看出，如果苍蝇灭绝，人类将失去一种宝贵的资源。

(3) 生物多样性的选择价值

生物多样性的选择价值又称为潜在价值，即为后人提供选择机会的价值。随着时间的推移，生物多样性的价值还在于为人类提供适应当地和全球变化的机会。

人们在将来会遇到意想不到的挑战，有些物种现在看来貌似毫无用途，也许将来某一天却能帮助人类免于饥荒、祛除疾病，特别是由于环境不断受到破坏，现在的经济作物也许适应不了将来恶劣的环境，这意味着人们要另谋出路。因此，自然界的一草一木都必须十分珍惜。人们对生物资源的需求量不断增长，每个物种或品种的供应量却在不断减少，如果现有趋势继续下去，生物多样性的价值将会不断增加。如果物种遭到破坏，后人就再没有机会利用或在各种可能性中加以选择。因此，保护好生物多样性，也就保护了其潜在的价值。

任务实施

组织学习者调查当地动植物保护的发展历程，围绕保护现状，通过研讨明确当地具有代表性的保护动植物及价值。讨论主题如下。

①本地区生物多样性保护的现状。

②本地区具有代表的动物、植物。

③本地区某一代表性动物或植物保护经历的变化过程、变化的本质。

任务记录

1. 当地代表性的动物

____

____

2. 当地代表性的植物

____

____

3. 代表性动物的直接价值

____

____

4. 代表性动物的间接价值

____

____

5. 代表性植物的直接价值

____

____

6. 代表性植物的间接价值

____

____

7. 当地生物多样性保护现状(有利的方面)

____

____

8. 当地生物多样性保护现状(不利的方面)

任务启示

任务实施完成后，对所获得的知识感悟进行总结。

任务评价

以小组为单位进行活动评价，根据参与者活动前的准备、活动中的参与、活动后的问题总结和发现，进行组内自评、组间互评和教师评价(表 1-1)。

表 1-1　考核评价表

组号		姓名				日期	
序号	评分项目	分值	组内自评	组间互评	教师评价	平均分	说明
1	动植物种类	20					
2	动植物价值	20					
3	现状	20					
4	表达能力	20					
5	团结合作	20					
	总　分						

任务 1-2 认识物种多样性

任务描述

利用优良的校园生态环境，认识校园植物的种类以及形态、色泽等与环境之间的关系，发现校园植物的自然之美，了解丰富多样的植物种类及植物的作用。

利用周边的动物园，认识动物的种类以及动物与人类之间的关系。通过活动让同学们体验自然之趣，养成亲近自然的习惯，培养保护与宣传物种多样性的能力。

知识准备

1. 物种和种群

物种即生物种，是分类的基本单位。一个物种必须具备以下条件：一是相对稳定而一致的形态特征，以便与其他物种相区别；二是以种群的形式生活在一定的空间；三是具有特定的遗传基因库，同种的不同个体之间可以相互配对繁殖后代，不同种的个体之间存在着生殖隔离。

物种不是一个静止的单位，而是进化过程中一个动态的实体，即物种与其生存环境不断相互作用而处于不断的演化过程中。同一物种，可能不同时期有不同的形态，如昆虫一生要经过卵、幼虫、成虫、蛹 4 个不同形态的阶段，桉树幼苗期和大树期的叶完全不同。

在一定时间内占据一定空间的同种生物的所有个体被称为种群(population)。种群中的个体并不是机械地集合在一起，而是彼此可以交配，并通过繁殖将各自的基因传给后代。种群是进化的基本单位，同一种群的所有生物共用一个基因库。对种群数量变化与种内关系的研究是生物多样性保护的重要内容，一个物种各种群的以下特征直接关系到其生存和将来的命运。

(1)数量特征

数量特征是种群的最基本特征。种群是由多个个体所组成的，其数量大小受 4 个种群参数(出生率、死亡率、迁入率和迁出率)的影响，这些参数继而又受种群的年龄结构、性别比率、内分布格局和遗传组成的影响，从而形成种群动态。

(2)空间特征

种群均占据一定的空间，其个体在空间上的分布可分为聚群分布、随机分布和均匀分布。此外，在地理范围内分布还形成地理分布。

(3)遗传特征

种群是同种个体的集合，具有一定的遗传组成，是一个基因库，但不同的地理种群存在着基因差异。不同种群的基因库不同，种群的基因频率世代传递，在进化过程中通过改变基因频率以适应环境的不断改变。

(4)系统特征

种群是一个自组织、自调节的系统。它是以一个特定的生物种群为中心，以作用于该种群的全部环境因子为空间边界所组成的系统。因此，应从系统的角度，通过研究种群的内在因子，以及生境内各种环境因子与种群数量变化的相互关系，揭示种群数量变化的机制与规律。

2. 物种多样性的概念

物种多样性是指动物、植物和微生物种类的丰富性。针对某个地区而言，物种数目多，则多样性高；物种数目少，则多样性低。物种多样性包括两个方面：一方面是指一定区域内物种的丰富程度，可称为区域物种多样性；另一方面是指生态学方面的物种分布的均匀程度，可称为生态多样性或群落多样性。物种多样性是人类生存和发展的基础。

目前已定名物种约170万种，其中动物约134.2125万种(77.04%)，植物约40万种(22.96%)。生物学家普遍认为地球上至少有1400万种生物。生物物种多样性表现为种类繁多、数量巨大、分布广泛及生活习性的多样性等。无论是在辽阔的平原、冰雪覆盖的高山，还是在南极或北极、江河湖海、大气、土壤，都生活着各种各样的生物。不同物种，其数量迥异，有些物种种群数量庞大；有些物种分布范围有一定限制，出现特有现象，且数量较少、分布地带狭窄。

物种的多样性还体现在形态结构、寿命、生活方式、生存环境、营养方式的多样性：小到直径0.5 μm的细菌，为单细胞，寿命只有20 min，大到参天大树如美洲红杉(*Sepuoia semmpervirens*)，高度超过100 m，直径8~10 m，寿命2000年以上；最小的种子植物是无根萍(*Wolffia columbiana*，单子叶植物，天南星目浮萍科)，叶状体长1.2~1.5 mm，1 m^2水面可达100万个，是培养鱼苗的优良饲料。世界上最重的木材是铁力木(*Mesua ferrea*)，密度可达1122 kg/

m^3。最轻的木材是木棉科的大乔木轻木(*Ochroma lagopus*)，密度为115 kg/m^3。一个正常的成年人可以抬起约等于自身体积8倍的轻木。在1972年的世界林业大会上，团花被各国专家公认为是“奇迹式的树木”，它生长十分迅速，十龄以前年平均高度增长2~3 m，直径增长4.5~5.5 cm，每年每公顷材积生长量可达80~90 m^3，是最理想的人工造林树种。生物生活环境有陆生和水生、阳生和阴生、旱生和湿生；而生活习性营养方式有腐生、寄生、共生等，并具有不同的食性如草食性、肉食性、杂食性等。全球物种分布的重要特征如下。

①在地球表面生物圈内，生物多样性的垂直分布和水平分布极为明显，物种的丰富程度与纬度呈明显的反比关系。即使考虑高纬度地区地表面积减少等因素的修正，离赤道越远，物种就越稀少。

②热带雨林仅覆盖了7%的陆地面积，其中却生存着50%的生物物种。

③1800年以来物种流失的速度开始加快。物种多样性常用物种丰富度(species richness)、物种密度(species density)、特有种比例(ratio of endemic species)来表示。所谓物种丰富度是指一定面积内种的总数目。对于生物群落的数量则用物种密度来表示，即单位面积上特定种的数量。特有种比例指在一定区域内某个特定类群特有种占该地区物种总数的比例。

在自然界，每一个特定位置都有不同种类的生物，其活动以及与其他生物的关系取决于它的特殊结构、生理和行为，故具有自己独特的生态位(ecological niche)。生态位是指每个个体或种群在种群或群落中的时空位置及功能关系。如其占有的空间，在群落中的功能和营养位置，以及在温度、湿度、土壤等环境变化梯度中所居的地位。一个种的生态位，是按其食物和生境来确定的，如海星在北美洲太平洋沿岸居于主要捕食者的位置。

在生态系统或生物群落中，对维护生物多样性及其结构、功能和稳定性起关键作用的物种称为关键物种(keystone species)，又称基石种。关键物种一旦消失或削弱，生态系统或生物群落就会发生根本性变化。如分布于墨西哥至中美洲大部分地区，南至巴拉圭及阿根廷北部的顶级掠食者美洲豹就是基石种，在平衡当地的生态系统和调节猎物数量方面发挥举足轻重的作用。美洲豹是近危物种，虽然美洲豹的贸易已被全面禁止，但由于它们的栖息地不断减少，尤其是在南美洲，牧场工人和农夫经常与美洲豹发生冲突，其数量已大幅下降。美洲豹在很多美洲原住民文化的神话中常常出现，包括马雅和阿兹特克。海獭和蜜蜂也是生态系统中的关键物种。海獭的主要食物是海胆，海獭为了保证它们的食物充足，会尽力让海胆远离那些寄居了成千上万鱼类的海藻。蜜蜂给树木和花草授粉，而这些树木和花草又为它们提供了栖

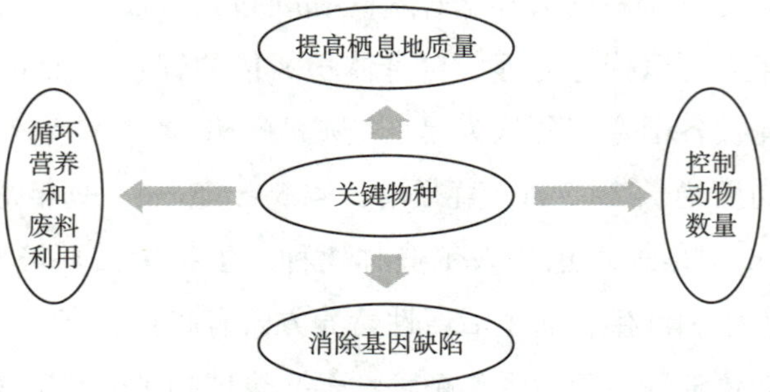

图 1-1 关键物种的作用

息地(图 1-1)。

2012 年 12 月，世界自然基金会发布《中国生态足迹报告 2012》。报告对中国不同生态系统中的 12 个关键物种的健康水平研究显示，这些物种虽受到优先保护，但除了朱鹮和麋鹿的种群快速增长、大熊猫和亚洲象的种群有缓慢恢复的趋势之外，大多数关键物种未呈现明显的改善趋势。其中，扬子鳄和白鱀豚已被定性为“极危”，1955—2010 年，扬子鳄种群数量下降了 97%；1980—2006 年，白鱀豚下降了 99.4%，已经属于功能性灭绝。

濒危物种(endangered species)广义上指珍贵、濒危或稀有的野生动植物。从狭义的野生动植物管理学角度讲，濒危物种是指《濒危野生动植物物种国际贸易公约》(*Convention on International Trade in Endangered Species of Wild Fauna and Flora*，CITES；1973 年 3 月 3 日签订于华盛顿)附录所列物种及国家和地方重点保护的野生动植物。濒危物种可以分为绝对性和相对性两种。绝对性是指濒危物种在相当长的一个时期内野生种群数量较少，存在灭绝危险。相对性是指某些濒危物种的野生种群绝对数量并不太少，但相对于同一类别的其他物种来说却很少；或者是指某些濒危物种在另外一些国家或地区可能并不被认定为濒危物种。

任务实施

根据当地条件活动小组自选主题，把校园中葱郁的树木、娇艳的花朵、青翠的小草等植物作为观察的对象，或者以附近动物园的动物为观察对象，以摄影和记录为主要方式展开调查。小组所有成员全程参与活动，通过观察，了解植物多样性或动物多样性。

任务记录

1. 校园的乔木(表 1-2)

表 1-2 乔木形态特征记录

植物名称	基本形态特征(形、色等)			
	花	果	叶	茎/干

2. 校园的灌木(表 1-3)

表 1-3 灌木形态特征记录

植物名称	基本形态特征(形、色等)			
	花	果	叶	茎/干

3. 校园的草本植物(表 1-4)

表 1-4 草本形态特征记录

植物名称	基本形态特征(形、色等)			
	花	果	叶	茎/秆

4. 动物(表 1-5)

表 1-5 动物形态特征记录

动物名称	基本形态特征			
	身体形态	皮毛	四肢	五官

任务启示

任务实施完成后，对所获得的知识感悟进行总结。

____

____

任务评价

以小组为单位进行活动评价，分别从动植物种类的多少、动植物的特征以及展现效果等方面进行组内自评、组间互评和教师评价(表 1-6)。

表 1-6 考核评价表

组号		姓名				日期	
序号	评分项目	分值	组内自评	组间互评	教师评价	平均分	说明
1	动植物种类	20					
2	动植物特征	20					
3	展现效果	40					
4	启示	20					
	总　分						

任务 1-3 认识遗传多样性

任务描述

以某种植物或动物为对象，搜集相应的图片或照片以及其形态特征和生长环境资料，认识物种遗传多样性的重要性，树立遗传多样性保护意识。

知识准备

遗传多样性是生物多样性的重要组成部分。广义的遗传多样性是指地球上的所有生物携带的遗传信息的总和；狭义的遗传多样性是指种内不同群体之间或一个群体内不同个体的遗传变异的总和，又称基因多样性。物种的遗传物质组成决定了它的性状特征，其性状特征的多样性是遗传多样性的外在表现。外部性状的多样性所反映的正是内部基因的多样性。

每个物种都是一个独特的基因库。可以说，物种多样性中具有遗传多样性，但遗传多样性又远远超过物种多样性的范畴。每个物种均由许多个体组成，除了孤雌生殖和一卵双生子以外，没有两个个体的基因组是完全相同的。种可能有亚种的分化，或由许多地理或生态种群组成，如家养动物包含众多的品种和类型。因此，许多物种实际上包含成百上千个不同的遗传类型。例如，花鳅的同一亚种中存在 $2n=50$、75、86、94 共 4 种染色体数目。中国科学院昆明动物研究所(以下简称昆明动物所)发现云南文山、昭通、瑞丽和迪庆 4 个地区牛的血红蛋白有 6 种基因型，运铁蛋白共有 9 种不同的基因型，显示了丰富的遗传多样性。分子水平上的遗传多样性引人注目，如在珠星雅罗鱼的 3 个地方种群中存在着 12 种不同型的线粒体脱氧核糖核酸(DNA)结构。

遗传信息贮存在细胞核内的染色体上，遗传物质是 DNA，生物体都能准确地复制自己的遗传物质，将个体信息一代一代遗传下去，从而保持了遗传性状的相对稳定性。但一些来自内在和外在的因素，可能引起 DNA 片段的倒位、易位、缺失等，导致不同程度的变异。基因突变的积累是自然界变异的来源，大多数物种的自然群体内蕴藏着丰富的遗传变异，形成了遗传多样性。

以猕猴桃为例，其属猕猴桃科(Actinidiaceae)猕猴桃属(*Actinidia*)，已作为一种新兴果树在许多国家受到重视。由于它富含维生素 C，有“水果之王”的美称。据统计，全世界共有 54 个种、变种、类型的猕猴桃，而在中国就有 52 个种、变种、类型。目前，猕猴桃中果实可利用的种约 5 个，中华猕猴桃

(*Actinidia chinensis*)、软枣猕猴桃(*A. arguta*)、狗枣猕猴桃(*A. kolomikta*)、金花猕猴桃(*A. chrysantha*)和黑蕊猕猴桃(*A. melamandra*)。国内外利用较多的主要是中华猕猴桃。中华猕猴桃原产于中国河南、陕西、甘肃、湖南、湖北、江西、四川、贵州、安徽、江苏、福建、广西、云南、广东、台湾等省份，其中以河南伏牛山、陕西秦岭山区、湖南西部山区为多。长江流域是中华猕猴桃的发源中心，那里的气候和土壤都非常适应其生长发育，有着丰富的资源和多种多样的遗传类型。中国生长的中华猕猴桃可分为3个变种：中华猕猴桃原变种(*A. chinensis* var. *chinensis*)，果实和枝叶上有短茸毛，是中国的特有种；硬毛猕猴桃(*A. chinensis* var. *hispida*)，果实及枝叶上有刺状硬毛，目前国外栽培的都属此变种；刺毛猕猴桃(*A. chinensis* var. *setosa*)，果实有刺毛。

中国是猕猴桃的原产地，猕猴桃的遗传多样性特别丰富，早在二三千年以前就已被用于治病，但近代对其的考察、研究和利用起步较晚。1906年新西兰才从中国引进猕猴桃，大约在1940年以前开始了商业栽培，至今已成为世界猕猴桃生产大国和出口大国。而在中国，当时猕猴桃还基本处于野生状态，1955年才开始引种栽培和进行生物学特征的研究。一直以来，不断有一些猕猴桃新变种被发现，在这些丰富的野生资源中蕴藏着很多有经济价值的类型。1977年，河南省西峡县林业科学研究所等单位在西峡县境内选出10株果型大、品质好的单株，其中最优的一株最大果重达130g。在野生状态下就有这么大的果实，再经过栽培驯化，其经济价值之大是可想而知的。

外国栽培的中华猕猴桃品种不够耐寒，限制了其向北发展，如法国只能在栽培上采取防冻措施，而育种上因缺少能培育抗寒品种的种质而难以得到有效发展。在中国，猕猴桃分布很广，在秦岭、伏牛山、大别山、桐柏山一带冬季较冷地区分布的猕猴桃，能在自然条件下正常越冬；在中国的北方也有一些较抗寒的种。这些抗寒品种是中国今后培育其他抗寒品种的宝贵资源，对扩大猕猴桃栽培地区起到有利作用。

茄子(*Solanum melongena*)在中国已有1000余年种植历史，果形有圆形、长条形、卵形三大类，皮色各有紫色、黑紫色、绿色、白色等，现保存种质资源1300余份。茄子的优良品种有'北京九叶茄''成都墨茄''杭州红茄'等；优质品种有'天津凉水茄'；适加工的品种有'浙江十姐妹茄'等。

萝卜(*Raphanus sativus*)是中国的第二大蔬菜。萝卜的种类极多，根据叶型、根型和皮色可分为30余种，每种都有许多品种，现已收集种质资源1800余份。萝卜的名贵品种有水果型的'北京心里美''山东潍县青'等；熟食优质品种有'北京大红袍''太湖晚长白'等；加工优质品种有制造扬州特产萝卜头酱菜的'晏种'萝卜品种，制造浙江萧山萝卜干的'一刀种'品种等。

遗传多样性是生命进化和适应的基础，种内遗传多样性越丰富，物种对环境变化的适应能力越强。遗传的均一性会威胁种群或物种的生存已是不争的事实。分布于非洲几个狭谷地带的猎豹的种群在遗传上是高度一致的，这导致猎豹的适应性、繁殖能力和疾病抵抗力的低下，濒临灭绝的危险。

遗传多样性在植物、动物育种中意义重大。例如，墨西哥最初是一个粮食进口国，后来从日本引入的小麦新品种'农林 1 号'中分离出矮秆抗病基因，培育出矮秆抗病的高产小麦品种，一举成为粮食出口国。美国以前是大豆进口国，后来从中国东北引入了一个野生大豆品系与当地栽培品种杂交，培育出抗旱新品种，比原有大豆节水 15%，能够在较贫瘠干旱的土壤中生长，从而扩大了栽培面积，使美国成为世界最大的大豆出口国。中国是大豆的故乡，地方品种有逾 20 000 个，但目前 80%以上依靠进口。1964 年，我国水稻专家袁隆平发现野生水稻雄性不育株，培育出被外国人誉为"东方魔稻"的籼型杂交水稻，自 1976 年在全国大面积推广，仅至 1994 年，就已使中国的稻谷累计增产达 2. 4 万 t，该技术还被出口到美国等国家和地区。许多野生动植物还有待于驯化，未来将培育出更多的抗病、抗旱、高产、优质动植物品种，提高农林业产量和质量。

遗传多样性的保存除了包含在生态系统和物种多样性的保存中以外，更应注意采用一系列新方法和新技术，诸如精子(或配子)和胚胎的冻存、人工授精和胚胎移植等。中国科学院上海细胞生物所和昆明动物所均建有颇具规模的细胞库。昆明动物所利用西南地区动物种类繁多和资源丰富的特点，侧重从动物遗传(种质)资源的保存和利用角度建立野生动物细胞库，截至 2021 年共保存物种 11 000 余种，其中不少是我国特有的珍稀或濒危动物，如滇金丝猴等。随着细胞生物学和发育生物学的发展，有朝一日我们将最终揭示细胞分化和个体发育的奥秘，通过细胞培养或核移植等技术，我们的后代可以从细胞库中再建当时地球已灭绝的动物。现代细胞库就是一个密集的基因库。不仅冻存的细胞可以"苏醒"，细胞或冻存组织中的 DNA 即冻存的基因也同样有可能"苏醒"。所以，有人形象地比喻细胞库是保存动物遗传多样性的"诺亚方舟"。

遗传多样性是物种进化的本质，也是人类社会生存和发展的物质基础。"一个基因关系到一个国家的兴衰，一个物种影响一个国家的经济命脉"，已是被无数实例证明的事实。如第一次"绿色革命"和水稻杂交优势的利用，就是发现和利用了矮秆基因和不育基因的结果。显而易见，遗传多样性的研究无论是对生物多样性的保护，还是对生物资源的可持续利用，以及对未来世界的食物供应，都有重要的意义。总体上讲，中国是世界上遗传多样性最丰富的国家之一，拥有繁多的生物物种、品种资源，是世界上最大的基因库之一，保存了大量的近缘野生种，如野生大豆、野生水稻、野生小麦等，对于人类基因测序也处于世界领先水平。但是，中国对于遗传多样性的研究、保护和利用水平较低，明显落后于发达国家，加强 DNA 水平上多样性的研究是今后的关键工作。

任务实施

独立查阅和收集相关资料，并在课上进行展现。

任务记录

记录动物或植物种类的名称、基本形态特征(表 1-7)。

表 1-7 动物或植物形态特征记录

动物或植物种类名称	基本形态特征

任务启示

任务实施完成后，对所获得的知识感悟进行总结。

任务评价

以小组为单位进行活动评价，分别从动植物种类及特征、重要性以及展现方式等方面进行组内自评、组间互评和教师评价(表 1-8)。

表 1-8 考核评价表

姓名						日期	
序号	评分项目	分值	组内自评	组间互评	教师评价	平均分	说明
1	动植物种类	20					
2	动植物特征	40					
3	动植物重要性	20					
4	展现方式	20					
	总 分						

任务 1-4 认识生态系统多样性

任务描述

通过查阅资料并开展讨论，认识生态系统多样性及其特征、重要性。

知识准备

1. 生态系统的含义

生态系统是各种生物与其周围环境所构成的自然综合体。所有的物种都是生态系统的组成部分。在生态系统中，不仅各个物种之间相互依赖、彼此制约，而且生物与其周围的各种环境因子也是相互作用的。生态系统是指在一定空间内的生物成分和非生物成分，通过物质循环和能量流动互相作用、互相依存而构成的一个生态功能单位。自然界中只要在一定空间内存在生物和非生物两种成分，并能互相作用达到某种功能上的稳定性，哪怕是短暂的，这个整体就可以视为一个生态系统。我们居住的地球上有许多大大小小的生态系统，大至生物圈或生态圈、海洋、陆地，小至森林、草原、湖泊和小池塘。除了自然生态系统外，还有很多人工生态系统，如农田、果园等。地球上最大的生态系统是生物圈。

任何一个生态系统都由生物系统和环境系统两部分组成。生物系统包括生产者、消费者和分解者；环境系统包括太阳辐射以及各种无机物质、有机物质、气候因素。物质循环、能量流动和信息传递是生态系统的 3 个基本功能。能量主要来自太阳，物质由地球供应，信息包括营养信息、化学信息、物理信息和行为信息。能量是一种单向的过程，最后以热能的形式损失。物质在生态系统中的流动是一种循环运动。

2. 生态系统多样性的含义

生态系统多样性是指生物圈内生境、生物群落和生态过程的多样化以及生态系统内生境、生物群落和生态过程变化的多样性。无论是物种多样性还是遗传多样性，都寓于生态系统多样性之中，生态系统多样性直接影响着物种多样性及其基因多样性。生境主要是指无机环境，生境的多样性是生物群落多样性乃至整个生物多样性形成的基本条件。生物群落多样性主要指群落的组成、结构和动态(包括演替和波动)方面的多样化。生态过程主要指生态系统的生物组分之间及其与环境之间的相互作用，主要表现在系统的能量流动、物质循环和信息传递等。

生态系统分为陆生生态系统和水生生态系统。中国位于欧亚大陆东部，国土辽阔，气候及地貌类型复杂，河流纵横，湖泊星布，这样复杂的自然条件带来了生态系统的多样性。中国陆生生态系统主要有森林、草原、荒漠、农田、湿地等生态系统，水生生态系统主要有各类河流、湖泊及海洋等生态系统。

森林生态系统可分为针叶林、阔叶林和针阔混交林生态系统。草原生态系统分为温带草原、高寒草原和荒漠草原生态系统。荒漠生态系统为发育在降水稀少、蒸发强烈、极端干旱生境下的稀疏生态系统类型。农林复合生态系统由林木、果树与作物间作构成。湿地生态系统主要包括浅水湖泊、河流和沼泽生态系统。

中国海岸线长，海域跨 3 个温度带(暖温带、亚热带、热带)，有海洋生态系统、海岸生态系统、岛屿生态系统。

任务实施

相同或相近生源地学生组成学习小组，自选生态系统，根据资料收集制作演示文稿(PPT)，课堂现场汇报交流不同地区代表性的生态系统特点及其功能。

任务记录

1. 生态系统类型

____

____

2. 生态系统特征

____

____

3. 生态系统重要性

____

____

任务启示

任务实施完成后，对所获得的知识感悟进行总结。

____

____

任务评价

以小组为单位进行活动评价，分别从生态系统的选择、生态系统特征以及展现方式等方面进行组内自评、组间互评和教师评价(表 1-9)。

表 1-9　考核评价表

组号		姓名				日期	
序号	评分项目	分值	组内自评	组间互评	教师评价	平均分	说明
1	生态系统	20					
2	生态系统特征	20					
3	生态系统重要性	20					
4	展现方式	20					
5	团结合作	20					
	总　分						

知识拓展

生物多样性

1. 我国生物多样性

全世界有物种 500 万~5000 万种，在科学上实际记述的有逾 140 万种。这些物种不均匀地分布于 168 个国家，其中 12 个国家集中了 70%的物种，被称为“生物多样性特丰国家”或“巨大多样性国家”，包括墨西哥、哥伦比亚、厄瓜多尔、秘鲁、巴西、刚果、马达加斯加、中国、印度、马来西亚、印度尼西亚和澳大利亚。这些国家生物多样性的形成原因是多方面的，部分原因是其广阔的疆土，更主要的原因还是地形、气候以及长期隔离。它们因生物多样性而倍受国际社会的关注。

中国是世界上生物多样性最丰富的国家之一，物种数约占世界的 10%。中国地域辽阔，大部分国土处在中纬度，亚热带和温带约占 80%。境内地势起伏显著，山地高原面积大，季内环流强盛，河流湖泊众多，土壤、植被类型丰富，浅海大陆架宽广，岛屿星布，自然条件复杂多样，具有适合众多生物种类生存和繁衍的各种生境条件。

中国是世界上野生动物种类最丰富的国家之一，仅脊椎动物种类就有 8476 种，约占全球脊椎动物种类总数的 10%(中国生物物种名录 2023 版，

2023)。其中，陆生脊椎动物种类逾3000种。大熊猫、朱鹮、金丝猴、华南虎、扬子鳄等470多种陆栖脊椎动物是仅分布于中国的特有物种。截至2022年，据《国家重点保护野生动物名录》《国家保护的有重要生态、科学、社会价值的陆生野生动物名录(征求意见稿)》显示，现有国家一级保护野生动物234种和1类、国家二级保护野生动物746种和7类，具有重要生态、科学、社会价值的陆生野生动物1789种都纳入保护范围。

中国也是全球植物多样性最丰富的国家之一，大约有3.57万种高等植物，约占世界总数的10%，仅次于世界高等植物最丰富的巴西和哥伦比亚，居世界第3位。中国作为世界栽培植物的4大起源中心之一，是许多重要农作物和果树资源的原产地；还是世界上园林花卉植物资源最丰富的国家之一，种类超过7500种，拥有温带几乎全部的木本植物属。当前，受到生境丧失和破碎化、资源过度开发利用、环境污染、入侵物种竞争及全球气候变化等因素的影响，中国的植物多样性正面临着日益严重的威胁，据《中国生物多样性红色名录——高等植物卷》(2020)显示，中国受到威胁的植物物种约3767种，占中国植物物种总数的10.9%。

中国生物多样性分布不均匀，主要分布于南方诸省，如广东、广西、福建、四川、云南等地。其主要特点有以下几点。

(1)物种高度丰富

我国有高等植物约3.57万种，其中苔藓植物3258种，占世界总种数的9.1%，隶属106科，占世界科数的70%；石松类和蕨类植物2255种，占世界总种数的22%，隶属52科，占世界科数的80%；裸子植物全世界约850种，隶属15科，中国分布243种，隶属10科，是世界上裸子植物最多的国家；被子植物33 574种，占世界总种数的10%，隶属328科，占世界科数的75%。

我国的动物资源也非常丰富，《中国生物物种名录2023版》动物部分共收录69 658个物种及种下单元，包括65 362个物种，4296个种下单元，隶属于18门52纲242目1847科13 861属。其中，哺乳动物694种、鸟类1445种、爬行动物626种、两栖动物629种、鱼类5082种、昆虫及其他无脊椎动物56 886种。

(2)特有属、种繁多

当物种分布范围有一定的限制时，称为特有现象。例如，大熊猫(*Ailuropoda melanoleuca*)仅局限于中国四川、甘肃和陕西毗邻的山区，白鱀豚(*Lipotes vexillifer*)只生长在洞庭湖及长江中下游，它们都是中国特有种；柳杉属(*Cryptomeria*)分布于中国和日本，是东亚特有属。这些特有属、种的分布现象就是该地区的特有现象。因此，特有现象是相对世界广泛分布现象而言的，一切不属于世界性分布的属或种，都可以称为其分布区内的特有属或特有种。

由于生物界各大类群在历史发展过程中的迁移、灭绝和进化，导致了世界上不同地区生物区系的多样性和复杂性。动植物特有现象的程度也因不同地区的历史和自然条件的差异而有较大变化。对特有现象的研究，将有助于了解一个特定地区的动植物区系组成、性质和特点，并在物种发生和演变方面是十分重要的。

中国高等植物中的特有属 275 个，占总属数的 7.10%，其中被子植物特有属 246 个，占该属总数的 7.88%；裸子植物特有属 10 个，占该属总数的 29.41%；蕨类植物特有属 6 个，占该属总数的 2.68%；苔藓植物特有属 13 个，占该属总数的 2.63%(表 1-10)。中国高等植物特有种约 17 300 种，占中国高等植物总种数的 57%以上。

表 1-10　中国高等植物特有属统计

门类名称	已知属数(个)	特有属数(个)	特有属占总属数(%)
被子植物	3123	246	7.88
裸子植物	34	10	29.41
蕨类植物	224	6	2.68
苔藓植物	494	13	2.63
合计	3875	275	7.10

据《中国生物多样性红色名录——脊椎动物卷》(2020)显示，中国脊椎动物中有特有种 1828 种，占总种数的 38.35%，其中哺乳类特有种 154 种，占该种总数的 22.00%；鸟类特有种 77 种，占该种总数的 5.33%；爬行类特有种 173 个，占该种总数的 33.46%；两栖类特有种 357 个，占该种总数的 69.46%；鱼类特有种 1067 个，占该种总数的 67.06%(表 1-11)。

表 1-11　中国脊椎动物特有种统计

门类名称	已知种数(个)	特有种数(个)	特有种占总种数(%)
哺乳类	700	154	22.00
鸟类	1445	77	5.33
爬行类	517	173	33.46
两栖类	514	357	69.46
鱼类	1591	1067	67.06
合计	4767	1828	38.35

在中国的动植物区系中，一些物种或属过去曾一度广泛分布，后因地质及气候变迁等，现今仍存留于某一地区，通常被称为孑遗植(动)物，或称为“活化石”，

如大熊猫、白鱀豚、水杉(*Metasequoia glyptostroboides*)、银杏(*Ginkgo biloba*)和攀枝花苏铁(*Cycas panzhihuaensis*)等。

(3)区系起源古老

由于中生代末(白垩纪，距今约1.36亿年)中国大部分地区已上升为陆地，未受第四纪(距今约250万年)冰川的侵袭，使许多白垩纪、第三纪(距今约6500万年)古老孑遗动植物保存下来，并成为它们的避难所。例如，木兰科(Magnoliaceae)的鹅掌楸(*Liriodendron chinense*)、木莲(*Manglietia fordiana*)、含笑(*Michelia figo*)，金缕梅科的蕈树(*Altingia chinensis*)、假蚊母树(*Distyliopsis dunnii*)、马蹄荷(*Exbucklangia populnea*)、红花荷(*Rhodoleia championii*)，山茶科(Theaceae)，樟科(Lauraceae)，八角科(Illiciaceae)，五味子科(Schisandraceae)，蜡梅科(Calycanthaceae)，昆栏树科(Trochodendraceae)，水青树科(Tetracentraceae)，伯乐树(钟萼木)科(Bretschneideraceae)等都是第三纪的孑遗植物。

中国陆栖脊椎动物区系的起源可以追溯到第三纪上新世的三趾马(Hipparion)动物区系。该区系后来演化为南方的巨猿动物区系和北方的泥河湾动物区系，前者再进一步发展成为大熊猫—剑齿象动物区系，后者发展成为中国猿人动物区系。晚更新世以后，该区系继续发展分化，到全新世初期，其面貌已与现代动物区系相似。秦岭以北的东北、华北和内蒙古、新疆至青藏高原，与广阔的亚洲北部、欧洲和非洲北部同属于古北界(Palaearctic realm)；而南部在长江中下游流域以南，与印度半岛、中南半岛及其附近岛屿同属东洋界(Oriental realm)。

(4)栽培植物、家养动物及其野生亲缘的种质资源丰富

人类生活和生存所依赖的动植物种类，许多起源于中国。动物方面，中国是世界上家养动物品种和类群最丰富的国家，共有1938个品种和类群。植物方面，原产自中国及经驯化培育的资源更为繁多，仅经济树种就有1000种以上，如枣树、板栗、茶、油茶、油桐、漆树、银杏、猕猴桃等；对于粮食作物而言，中国是大豆的故乡，地方品种20 000种，中国是水稻的原产地，栽培品种达50 000种；药用植物1100种；观赏花卉2238种；牧草4215种，世界各地栽培的牧草中几乎都有中国的野生种或野生近缘种。

2. 云南生物多样性

2020年1月，习近平总书记在云南考察时指出，云南生态地位重要，有自己的优势，关键是要履行好保护的职责。滇池是镶嵌在昆明的一颗宝石，要

拿出咬定青山不放松的劲头，按照山水林田湖草是一个生命共同体的理念，加强综合治理、系统治理、源头治理，再接再厉，把滇池治理工作做得更好。

习近平总书记强调，我们要避免走先污染再治理的老路，一定要摒弃过去那种以生态环境为代价换取一时经济发展的做法。我们提出新发展理念、建设生态文明，是符合客观规律的。从当前看，老百姓现在吃饱穿暖了，最关心的就是环境。长远来讲，我们不能吃子孙饭，要造福人类。要继续抓下去，锲而不舍、久久为功，把绿水青山真正变成金山银山。

云南地处中国西南，属青藏高原南延部分，国土面积 39.4 万 km^2，高原山地约占 94%，盆地和河谷仅占 6%。全省地势从西北向东南倾斜，海拔高差大，省内最低海拔 76.4 m(河口)，最高海拔 6740 m(德钦的梅里雪山)。云南极其复杂的地形地貌，形成了多样的气候类型，有北热带、南亚热带、中亚热带、南温带、中温带、高山苔原及雪山冰漠，但仍以亚热带山地和高原气候为主，一个突出的特点就是干湿季分明，全年降水量约1100 mm，80%的降水集中在 6~10 月，11 月至来年的 5 月为旱季，降水甚少。云南土壤类型呈现出明显的带状分布规律，从南到北，土壤的淋溶作用和富铝化过程由强到弱，依次为砖红壤带、赤红壤带、山地红壤带、棕壤带、暗棕壤带、高山草甸土带等。在南北相距不到 900 km 的范围内，囊括了地球上除海洋外的所有生态系统类型，拥有北热带、南亚热带、中亚热带、北亚热带、南温带、中温带和高原气候区 7 个气候类型，分属 6 大水系，有滇池、洱海、抚仙湖、泸沽湖、程海、星云湖、阳宗海、异龙湖、杞麓湖 9 大高原湖泊。云南特殊的地理位置、复杂的地质背景、多样的地形地貌、立体的气候类型等自然条件，孕育了极为丰富的生物多样性，素有“动物王国”“植物王国”的美誉，是中国乃至世界的天然基因库，具有重要的科学价值、经济价值、环境价值和美学价值。

云南独特的自然地理环境，孕育了丰富的物种资源，其生物丰富值(*Rv*)、特有度值(*Ev*)与特有率(*Er*)均占全国第一位。

(1)动物多样性与特有性

云南野生动物种群数量居全国之首，有脊椎动物 2242 种，其中鸟类 944 种、哺乳类 312 种、爬行类 208 种、两栖类 188 种、鱼类 590 种。川东—鄂西、川西—滇西北、滇东南—桂西是中国种子植物特有属的三大分布中心(陈灵芝，1993)，云南地处其中心区域，有中国特有动物 613 种，云南特有种 351 种；有国家重点保护野生动物 242 种，包括国家一级保护野生动物 60 种、国家二级保护野生动物 182 种。

云南拥有的脊椎动物和重点保护野生动物，分别占全国总数的 54.8% 和

59.4%，均超过半数，而且约占总数15%的种类为云南所特有或在国内仅见于云南。全国15种受保护的灵长类动物中，云南分布有10种，均为国家一级保护野生动物，其中与大熊猫齐名的云南特有珍稀濒危动物滇金丝猴(*Rhinopithecus bieti*)，仅分布于云南西北部白马雪山海拔3500 m以上的寒温性云冷杉针叶林地带。全世界有10种长臂猿，中国有黑长臂猿(*Hylobates concolor*)、白眉长臂猿(*H. hoolock*)、白颊长臂猿(*H. leucogenys*)和白掌长臂猿(*H. lar*)4种，除黑长臂猿还见于海南外，在国内仅分布于云南东南部、南部至西南部的热带森林地带。26种国家一级保护野生动物，如兽类的豚尾猴(*Macaca nemestrina*)、间蜂猴(*Nycticebus intermedius*)、鼷鹿(*Tragulus javanicus*)、野牛(*Bos gaurus*)、熊狸(*Arctictis binturong*)、马来熊(*Helarctos malayanus*)、印支虎(*Panthera tigris corbetti*)、孟加拉虎(*P. t. tigris*)和亚洲象(*Elephas maximus*)等在国内也仅分布于云南。在云南分布的脊椎动物中，有哺乳类66种、鸟类112种、爬行类8种、两栖类40种和淡水鱼290种，为云南特有或仅分布于云南。在我国所记录的1224种鸟类中，绿孔雀(*Pavo muticus*)、孔雀雉(*Polyplectron bicalcaratum*)、赤颈鹤(*Crus antigone*)、绿尾梢虹雉(*Lophophorus sclateri*)和黑颈长尾雉(*Syrmaticus humiae*)等112种仅分布于云南。两栖爬行类中有版纳鱼螈(*Ichthyophis bannanica*)、红瘰疣螈(*Tylototriton verrucosus*)、疣刺蛙(*Rana verrucospinosa*)、云南闭壳龟(*Cuora yunnanensis*)、凹甲陆龟(*Manouria impressa*)等云南特有的珍稀种类20余种。云南鱼类占全国淡水鱼类的50%以上，而云南特有种高达290种，几乎在云南的所有河流及湖泊中均有云南特有鱼类，如洱海特有种大理裂腹鱼(*Schizothorax taliensis*)、滇池特有种金线鱼(*Sinocylocheilus grahami*)、杞麓湖特有种大头鲤(*Cyprinus pellegrini pellegrini*)、抚仙湖特有种银白鱼(*Anabarilius grahami*)和国内仅分布于云南南部的世界上最大的淡水鳗鱼——暗色鳗鲡(*Anguilla nebulosa*)等。

(2)植物多样性与特有性

云南是中国植物种类最丰富的省份，集中了从热带、亚热带至温带甚至寒带的多数植物种类，有高等植物19 333种，占世界的5.5%，占中国的53.9%。云南不仅物种多样性极为丰富，而且珍稀濒危种和特有种占有极高的比例，拥有中国特有高等植物8772种、云南特有植物4018种；有国家重点保护野生植物151种，包括国家一级保护野生植物45种、国家二级保护野生植物106种。

蕨类植物多样性：云南蕨类植物多样性极为丰富，约有1365种，隶属148属，40科，约占全国总种数的60.13%、总属数的83.15%和总科数的100%。

裸子植物多样性：云南有100种裸子植物，隶属32属，10科，占全国总种数的40%、总属数的94.1%和总科数的100%。

被子植物多样性：云南有被子植物约15 000种，隶属1953属，230科，分别占全国总种数的50%、总属数的62.5%和总科数的70.1%(表1-12)。

表1-12 云南蕨类植物、裸子植物和被子植物多样性

类群	科		属		种		占全国总数(%)		
	中国	云南	中国	云南	中国	云南	科	属	种
蕨类植物	40	40	178	148	2165	1365	100	83.15	60.13
裸子植物	10	10	34	32	250	100	100	94.1	40
被子植物	328	230	3123	1953	30 000	15 000	70.1	62.5	50

按物种丰富度公式(物种丰富度=物种数/面积×100%)进行计算，中国云南地区种子植物丰富度为3.81%，在北半球仅次于马来西亚的4.55%，远远超过印度0.48%的丰富度和中国0.32%的丰富度，为印度的7.9倍，为中国的11.9倍(表1-13)。

表1-13 中国云南地区与中国和东南亚、南亚国家种子植物丰富度

国家或地区	面积(km^2)	种子植物种数(个)	丰富度(%)
印度	2 974 700	14 500	0.48
缅甸	676 581	7000	1.03
泰国	513 115	11 500	2.24
越南	329 556	11 500	3.49
菲律宾	229 700	8000	2.67
马来西亚	329 733	15 000	4.55
印度尼西亚	1 904 443	20 000	1.05
中国	9 600 000	30 250	0.32
中国云南	394 000	15 000	3.81

云南植物资源多样性具有显著的特有现象，是中国特有植物的高频率区。中国有243个种子植物特有属，云南分布有180个，占中国特有属数的74.1%，其中30个为云南特有。滇东南为典型喀斯特地貌核心地带，其生物地理区系古老而丰富，同时还具有特有性。湿润的气候条件使滇东南成为中国三大特有物种分布中心之一的“滇东南—桂西古特有中心”，蕴藏了大量的古老、珍稀特有物种资源，如拥有被认为最原始的木兰科的木莲属(*Manglietia*)和华盖木属(*Manglietiastrum*)等。滇东南还拥有数量较多的单型科、少型科、少型属和单种属，如马蹄参属(*Diplopanax*)、观光木属(*Tsoongiodendron*)、华

盖木属(*Manglietiastrum*)、长蕊木兰属(*Alcimandra*)、十萼花属(*Dipentodon*)、滇桐属(*Craigia*)、穗花杉属(*Amentotaxus*)、福建柏属(*Fokienia*)、朱红苣苔属(*Calcareoboea*)、细筒苣苔属(*Lagarosolen*)、富宁藤属(*Parepigynum*)等单型属和单种属植物。

云南特有种更加丰富，蕨类植物中有宽叶水韭(*Isoetes japonica*)、狭叶瓶尔草(*Ophioglossum thermale*)、桫椤(*Alsophila spinulosa*)、天星蕨(*Christensenia assamica*)、中国蕨(*Sinopteris grevilleoides*)、原始观音座莲(*Archangiopteris henryi*)、玉龙蕨(*Sorolepidium glaciale*)、扇蕨(*Neocheiropteris palmatopedata*)和鹿角蕨(*Platycerium wallichii*)等20种为国家珍稀濒危保护蕨类，其中天星蕨和鹿角蕨仅分布于云南，原始观音座莲和玉龙蕨为云南特有种。裸子植物中有篦齿苏铁(*Cycas pectinata*)、云南苏铁(*C. siamensis*)、旱地油杉(*Keteleeria xerophila*)、澜沧黄杉(*Pseudotsuga forrestii*)、丽江铁杉(*Tsuga forrestii*)、毛枝五针松(*Pinus wangii*)、长叶竹柏(*Podocarpus fleuryi*)、篦子三尖杉(*Cephalotaxus oliveri*)、贡山三尖杉(*C. lanceolata*)、云南红豆杉(*Taxus yunnanensis*)、云南穗花杉(*Amentotaxus yunnanensis*)和云南榧树(*Torreya yunnanensis*)等21种为云南特有种。仅西双版纳就有153种热带珍稀云南特有种，滇西北则拥有大量的横断山区寒温性针叶特有种，以及其他横断山区特有成分和众多的高山杜鹃与高山竹类，其特有种比例占该区种子植物分布总数的30%以上。

(3)遗传资源多样性

云南拥有中国最丰富的物种多样性，同时也蕴藏了大量珍贵的遗传基因多样性，特别是许多经济价值高、利用广的栽培植物与家养动物，都能在云南找到其野生类型或近缘种，如我国共分布野生稻(*Oryza rufipogon*)、疣粒野生稻(*O. meyeriana*)和药用稻(*O. officinalis*)3种野生稻，均分布于云南南部至西南部的边缘热带地区；野荔枝(*Litchi chinensis*)、野生猕猴桃(*Actinidia chinensis*)、普洱茶(*Camellia sinensis* var. *assamica*)、滇波罗蜜(*Artocarpus lakoocha*)和林生芒果(*Mangifera sylvatica*)等许多重要的栽培植物的野生型或近缘种在国内也主要分布于云南。在国内仅分布于云南南部的家养动物野生类型或近缘种有印度野牛(*Bos gaurus*)、爪哇野牛(*B. javanicus*)、独龙牛(*B. frontalis*)、原鸡(*Gullus gallus*)和赤麻鸭(*Tadorna ferruginea*)等。另外还有已经驯养的动物如文山黄牛、昭通黄牛、德宏水牛、盐津水牛、大理马、丽江马、保山猪、昭通山羊、云岭山羊、龙陵山羊等均为云南特有土著品种，是我国具有重要经济价值和开发潜力的遗传基因资源。

(4)生态系统类型多样性

由于复杂、独特的地理环境及多样化的气候条件，云南几乎囊括了我国所有的陆地生态系统类型。从南部的低热河谷到滇西北高山峡谷出现了以下几类生态系统。

- 湿润雨林生态系统；
- 季节雨林生态系统；
- 山地雨林生态系统；
- 半常绿季雨林生态系统；
- 落叶季雨林生态系统；
- 石灰山季雨林生态系统；
- 季风常绿阔叶林生态系统；
- 半湿润常绿阔叶林生态系统；
- 中山湿性常绿阔叶林生态系统；
- 山地苔藓常绿阔叶林生态系统；
- 山顶苔藓矮林生态系统；
- 硬叶常绿阔叶林生态系统；
- 落叶阔叶林生态系统；
- 暖热性针叶林生态系统；
- 暖温性针叶林生态系统；
- 温凉性针叶林生态系统；
- 寒温性针叶林生态系统；
- 竹林生态系统；
- 石灰岩灌丛生态系统；
- 干热河谷灌丛生态系统；
- 热性河漫滩灌丛生态系统；
- 高寒荒漠生态系统；
- 高山草甸生态系统；
- 河流及高原沼泽与湖泊湿地生态系统；
- 人工农林牧生态系统。

以上生态系统可归纳为四大类，即森林生态系统、草原生态系统、湿地生态系统、荒漠生态系统。其中又以森林生态系统最为丰富，全国共有212个森林类型，云南有114个，占全国森林类型总数的53.8%。

①森林生态系统。云南省林地面积4.23万亩，森林面积3.59万亩，森林蓄积量20.2万 m^3，位居中国第2，森林覆盖率达62.4%，是全国平均水平的2.7倍。云南是中国森林植被类型最丰富的区域，全境从南到北跨越8个纬度

带，发育着包括雨林、季雨林的热带森林和包括季风常绿阔叶林、半湿润常绿阔叶林、暖热性针叶林、暖性针叶林的亚热带森林；随着海拔的升高，还分布着温性针叶林、寒温性针叶林、灌丛草甸和高山苔藓植被；建有森林公园 57 处，其中国家级 32 处。

②草原生态系统。云南省草地面积 2.29 万亩，其中可利用草原面积 1.78 万亩，天然草原植被综合盖度达 87.9%，是全国平均水平的 1.56 倍。云南是中国草原资源类型最丰富、植物种类最多的省份之一，有暖性灌草丛、热性灌草丛、山地草甸和高寒草甸 4 个草原类，50 余个草原型，分别占全国的 44.4%和 31.4%；草原植物类型有 4958 种，占云南高等植物的 35.41%，多样的草原植物让云南草原成为中国南方草原的代表。

③湿地生态系统。云南省湿地总面积 921.69 万亩，其中自然湿地面积 607.98 万亩，湿地保护率达 52.96%。云南湿地类型复杂多样，有河流、湖泊、沼泽和人工湿地 4 类 15 型湿地，从高山亚高山沼泽化草甸到河谷漫滩湿地，集中了中国内陆淡水湿地的所有类型。云南大部分湿地位于世界重要水禽迁徙通道和物种过渡地带，为黑颈鹤、东方白鹳、黑鹳、中华秋沙鸭等越冬候鸟提供了重要的越冬栖息地。云南湿地野生动物、植物种类及特有种种类居全国之首，有湿地脊椎动物 1006 种，包括滇池金线鲃、大理裂腹鱼、中甸叶须鱼等云南特有种 237 种；湿地植物 1619 种，云南特有植物 128 种。云南建有湿地公园 19 处，其中国家级 18 处、省级 1 处。

④荒漠生态系统。云南省荒漠化类型主要为水蚀荒漠化，具有面积大、分布广、沙化速度快等特点，荒漠化土地 3.16 万 hm^2，仅分布于焚风效应强烈的干热河谷地区，呈线状分布；有沙化土地面积 2.94 万 hm^2，主要是泥石流冲积形成的冲积扇，季节性河流造成的河漫滩及江河湖泊水位下降泥沙淤积形成的沙化土地。云南也是岩溶地区石漠化土地分布较为广泛的省份之一，岩溶土地总面积 794.1 万 hm^2，涉及 65 个县 695 个乡镇；石漠化土地面积 235.2hm^2；建有沙漠(石漠)公园 5 处。

(5)为全球 34 个生物多样性热点地区之一

中国西南山地位于两大全球生物多样性热点地区的交汇处，西起东喜马拉雅山地、雅鲁藏布峡谷，一直延伸至整个横断山区和川西高原，主要包括藏东南、滇西北、中缅边境、川西以及青海东南部和甘肃南部地区。西南山地地质构造复杂，气候多变，从海拔几百米的干热河谷到海拔 7000 m 以上的雪山高地，分布着从河谷季雨林一直到高山苔原所有的植被类型。复杂的地形结构和独特的湿热条件，使该地区的高山植被茂盛，生物多样性极其丰富，拥有大量的特有动植物物种。云南是中国植物类型最丰富的省份，其国土面积仅占全国的4.1%，却拥有中国一半以上的植物种类。该地区已发现哺乳动物300余种，鸟类686种，包括本地特有种和珍稀濒危物种，如大熊猫、川金丝猴、雪豹、羚牛、四川梅花鹿、滇金丝猴、白唇鹿、孟加拉虎以及27种雉类等。

滇西北是中国乃至世界生物多样性最丰富的地区之一，地处青藏高原至云贵高原的过渡地带，境内高山耸立，显示出完整的山地垂直地带性；峡谷纵横，形成了怒江、澜沧江、金沙江三江并流的独特奇观。位于滇西北地区的普达措国家公园，是“三江并流”世界遗产的核心腹地，是滇西北高原生物多样性保护与水源涵养的国家重点功能区，也是全球三大生物多样性热点汇集的区域，涵盖较为原始、完整的森林灌丛、高山草甸、湿地湖泊、河流峡谷生态系统。普达措国家公园位于横断山脉高山峡谷区的北段，是亚洲地势第一阶梯青藏高原向第二阶梯云贵高原的过渡地带，地形地貌和气候条件等在此形成分界，造就了该区域集“山水林田湖草”为一体的封闭式森林-湖泊-沼泽-草甸复合型生态系统。普达措国家公园保存了发育完好的天然寒温性针叶林和天然硬叶常绿阔叶林，为黑颈鹤、黑鹳、云南红豆杉、油麦吊云杉等珍稀濒危动植物提供了舒适的栖息地和原始生境。普达措国家公园内动植物资源极为丰富，有种子植物2275种、兽类74种、鸟类297种、爬行类11种、两栖类13种、鱼类17种。该区域1/3的哺乳动物、92.31%的两栖类、爬行动物为横断山区和喜马拉雅—横断山区特有种。

作为全球地理景观类型、生态系统类型和生物物种最为丰富的地区之一，滇西北山地发育了从亚热带河谷到寒温带高山的各种森林、灌丛、亚高山草甸、湿地、高山流石滩和冰川雪山等景观类型，拥有除沙漠和海洋以外的各类生态系统，成为全球生物物种的高度密集区和不同区系成份交错分布的复杂区域，是全球温带生态系统最具代表性的地区，被誉为世界级的生物基因库。滇西北有脊椎动物1017种，其中国家重点保护野生动物116种；有高等植物10 198种，其中国家重点保护野生植物49种。滇西北作为中国种子植物特有属起源和分化的三大中心之一，区域内纵横交错的群峰峻岭与沟壑河谷为众多生物提供了纵向迁徙的生态廊道与横向交汇的安全屏障。滇西北既是生物多样性的宝库，又是长江中上游生态安全的重要保障，其生态状况将直接影响到下游约300万 km^2 流域的生态健康和约5万人的生产生活，生态区位极其重要。

(6)典型案例

①云南红河哈尼梯田。红河哈尼梯田位于红河南岸，是中国西南山区人与

生物多样性共生共存的典范。梯田景观所展现的森林、水系、梯田和村寨“四度同构”的生态体系，完美反映了精耕细作的农业、林业和水源分配系统，彰显了哈尼族人农业智慧的成就，是人与自然和谐共生的“活态遗产”、生态文明的标榜旗帜，具有丰富的农田生物多样性。

红河哈尼梯田总面积 16 600 hm^2，顺着雄伟的哀牢山斜坡呈阶梯状分布，从山脚延伸至海拔 2000 m 的山巅，一面山坡最多有 3700 级梯田，呈等高线排列，错落有致、规模宏大、气势磅礴。哈尼族人发明了水渠灌溉系统，1300 年来沿用此法将水从树木繁盛的山顶引入梯田，孕育了以水稻种植为主的农业稻作梯田文化，蕴藏着深厚的民间技能与民族智慧。

红河哈尼梯田地处莽莽苍苍的亚热带原始森林，其中观音山原始森林达 18 167.6 hm^2，分布各山各岭的原始林和次生林 45 790.8 hm^2，广袤的森林构成了云南巨大的天然绿色水库，润养万物。红河哈尼梯田野生动植物资源丰富，有国家一级保护野生动物 21 种、国家二级野生保护植物 23 种，如云南红豆杉、华盖木等，被誉为“滇南生物基因库”，生物多样性极其丰富(彩图 1~彩图 3)。

②云南西双版纳。西双版纳是中国生物多样性最丰富的地区，是国际上重要的生物多样性保护中心。位于云南最南端，地处热带北部边缘，终年温暖湿润，是中国热带生态系统保存最完整的地区。西双版纳有国家级自然保护区 26.80 万 hm^2，其中 4.67 万 hm^2 为保护完好的原始森林；森林面积 151.66×10^4 hm^2，森林覆盖率 80.8%。西双版纳的热带雨林在中国现存的热带雨林中属面积最大、生物多样性极为丰富、生态系统保存较为完整的热带雨林，加之其具有的独特生态类型和奇异的生态景观，是十分重要而宝贵的自然遗产，具极高的保护价值。

西双版纳分布有高等植物约 5000 种，众多的植物种属交错生长，形成了热带雨林、热带季雨林、亚热带常绿阔叶林、苔藓常绿阔叶林、南亚热带针叶阔叶混交林、竹木混交林、灌木林等复杂多样的植被景观；有脊椎动物 800 余种，无脊椎动物 3000 余种，保存着中国最大的野生亚洲象种群，约 300 头，较为集中地分布着野牛、印支虎、绿孔雀、巨蜥、蟒及特有种的鼷鹿等珍稀动物。

西双版纳国家级自然保护区始建于 1958 年，是中国第一批建立的 20 个自然保护区之一，也是云南省的第一个自然保护区。作为中国热带生物多样性最丰富、热带重要生物类群分布最集中、热带森林生态系统最完整的大型综合性自然保护区，区内植被类型丰富，共有 9 个植被亚型 49 个群系，主要保护以热带雨林、季雨林为标志的森林生态系统和热带珍稀濒危野生动植物种群及生境(彩图 4~彩图 6)。

项目2 抢救生物多样性

知识目标

了解生物多样性受到的威胁以及原因。

技能目标

会按照 IUCN 和中国的有关标准对珍稀濒危动植物进行分级。

素养目标

具备生物多样性保护的紧迫感和责任感，能意识到抢救生物多样性的必要性。

任务 2-1　认识生物多样性威胁

任务描述

组织学习者围绕生物多样性威胁专题开展讨论。以小组形式在课前查阅和收集相关资料，达成共识后课上讨论汇报交流。

知识准备

生物物种的发生、发展、衰退和消失需要经历一个漫长的过程，在这个过程中生物形成与绝灭的速率基本接近。但是，自人类社会出现以后，随着人口的剧增，人类向自然界索取生物资源的规模越来越大，强度越来越高，最终导致生态系统恶化，资源日益枯竭，物种的生存受到了严重威胁。

人类对物种灭绝速度的影响可追溯到几千年以前，但自 19 世纪开始，人类的影响明显增加。目前，究竟有多少物种已经灭绝还没有准确的统计，因为人们还不能确切知道地球上有多少物种。毫无疑问，当今物种灭绝的速度要较 200 年前快得多，但如果没有充分的研究，任何学者都不能断定某个物种已经灭绝。有时有些种已列入灭绝名单，可能随后又重新发现。对于物种灭绝的推断大多是间接的。关于鸟类和哺乳动物的不完全统计表明，自 1600 年以来，大约有 113 种鸟类和 83 种哺乳动物已经消失。在 1850—1950 年，鸟类和哺乳动物灭绝速度为平均每年 1 种。对大多数生物类群来说，一个种的平均寿命为 100 万～1000 万年，按目前估计的 1000 万个物种计算，每年有 1～10 个物种可能消失。

由于各种不同的原因，一些地区生物学群落的物种比另一些地区生物学群落的物种受到更多的灭绝威胁，这些受到严重威胁的区域和生物学群落被称为临界的生态系统。在未来几十年中，大多数物种的灭绝将出现在岛屿和热带森林。历史上，主要是岛屿上的物种面临物种灭绝，而大陆上脆弱物种的消失是少数，岛屿上约有 74% 的鸟类和哺乳动物灭绝了。目前岛屿上物种依然处于高度濒危状态。

低等生物和无脊椎动物（包括昆虫）、真菌、藻类及微生物中，因物种繁多，有很多物种尚未发现或描述，其濒危物种数量无法作出估计。

中国是生物多样性特别丰富的国家，生物多样性在全世界居第 8 位，北半球居第 1 位。同时，我国又是生物多样性受到威胁最严重的国家之一。按照世界自然保护联盟(IUCN)标准，中国物种的受威胁程度比预想的要严重得多。根据1996年，国家林业局对191种植物的调查、评估结果，其中3个种已经彻底消失，还有12个种仅存1~10个个体，9个种仅剩下11~100个野生个体，超过44.5%的种在原栖息地少于50 000个个体。同样来自国家林业局的数据显示，超过252个野生动物种被作为食物加以消费，这其中包括了153种国家保护动物，9个重点保护种在种群数量上急剧下降，同时104个物种处在濒危状态，其中一些已经低于最小存活种群数量，白鱀豚于2000年初已被报道绝迹。中国生物多样性国别报告列出的濒危物种比例是：哺乳动物22.06%，鸟类14.63%，爬虫4.52%，两栖类2.46%，鱼类2.41%，无花植物28%和有花植物13%。过去，我国期望的濒危物种比例在2%~30%，但是，根据IUCN的物种濒危等级标准，我国濒危物种的实际情况是：无脊椎动物34.74%，脊椎动物35.92%，裸子植物69.91%，被子植物86.63%。中国的野生动物进出口贸易及国内贸易，被认为是对世界其他地区野生动物的严重威胁。外来物种入侵也被认为是威胁生物多样性的重要因素之一。根据最近的研究，有超过400种入侵物种，其中有100种威胁程度较大。在IUCN列出的100种威胁程度较大的物种当中，有超过50种发生在中国。据有关数据估算，每年中国由入侵物种造成的损失高达144.8万美元。随着观赏植物和宠物等的大量涌入，这种情况变得更加严重。

我国动物中的中国犀牛(*Rhinoceros* sp.)、麋鹿(*Elaphurus davidanus*)、高鼻羚羊(*Saigata tarica*)、白臀叶猴(*Pygathrix nemaeus*)以及植物中的崖柏(*Thuja sitchuanensis*)、雁荡润楠(*Machilus minutilobas*)、喜雨草(*Ombrocharis dulcis*)等相继灭绝，灭绝时间有的不可考或已经消失几十年甚至几个世纪，但人们普遍认为高鼻羚羊是20世纪50年代以后在新疆灭绝的。20世纪以来，我国有10余种动物绝迹。大熊猫、金丝猴、东北虎、雪豹等20余种珍稀动物的分布区明显缩小，居群数量骤减，濒临灭绝。海南坡鹿在中华人民共和国成立初期有2000头，到20世纪80年代初仅残余76头；黑冠长臂猿也由2000头减少到30头左右。

许多水域中某些经济价值高的物种和敏感物种正逐步减少以至消失。例如，长江三鲟(白鲟、中华鲟、达氏鲟)、江豚、白鱀豚变为稀有、濒危动物，长江鲟鱼、鳜鱼、银鱼等经济鱼种变得十分稀少；海产中虾、海蟹、带鱼、大小黄鱼等主要经济鱼种的可捕捞量也不断缩减。大量的水生生物处于濒危或受威胁状态。

我国的栽培植物遗传资源也面临严重威胁。在经济飞速发展的沿海开放区，原始农业区的生态环境遭到严重破坏，又由于优良品种推广力度的持续增加，许多古老的本土品种正在绝迹。例如，1964 年云南省景洪县发现 2 种野生稻共分布于 24 处，但由于开垦农田和种植橡胶，至 20 世纪 80 年代末只剩下 1 处。山东省的黄河三角洲和黑龙江省的三江平原，过去遍地长满野生大豆，现在只在少数地区有零星分布。又如，1959 年上海市郊区有蔬菜品种 318 个，到 1991 年只剩下 178 个，丢失了 44.8%。其他城市的情况也类似。对中国宝贵的栽培植物遗传资源如果不立即抢救，就会面临丧失的危险。动物遗传资源受威胁现状也很严重。例如，中国优良的九斤黄鸡、定县猪已经绝灭，北京油鸡数量剧减，特有的海南岛峰牛、上海荡脚牛也很难找到。遗传基因丧失的后果是无法估量的。

在过去几百年内，人类使物种灭绝速率相较地球历史上物种自然灭绝速率增加了 1000 倍有余。中国高度重视生物多样性保护，是《生物多样性公约》（CBD）的最早缔约方之一。

近年来，我国着力建立以国家公园为主体的自然保护地体系，为推动人与自然和谐共生、保护生物多样性发挥重要作用。2021 年 10 月 12 日，在《生物多样性公约》第十五次缔约方大会上，我国正式宣布设立三江源、大熊猫、东北虎豹、海南热带雨林、武夷山等第一批国家公园，保护面积达 23 万 km^2，涵盖近 30%的陆域国家重点保护野生动植物种类，开启了自然保护地体系建设新篇章。《2022 中国生态环境状况公报》显示，我国已知物种及种下单元数共 138 293 种，其中动物界 63 886 种，植物界 39 188 种，细菌界 463 种，真菌界 16 369 种。其中，列入《国家重点保护野生植物名录》的野生植物 455 种和 40 类，国家一级保护野生植物种类 54 种和 4 类，国家二级保护野生植物 401 种和 36 类，百山祖冷杉、水杉、霍山石斛、云南沉香等为中国特有。列入《国家重点保护野生动物名录》的野生动物有 980 种和 8 类，其中国家一级保护野生动物 234 种和 1 类、国家二级保护野生动物 746 种和 7 类，大熊猫、海南长臂猿、普氏原羚、褐马鸡、长江江豚、长江鲟、扬子鳄等为中国特有。此外，我国栽培作物有 528 类 1339 个栽培种，截至 2022 年年底，已长期保存农作物种质资源超过 53 万份、畜禽地方品种 568 个。

《2022 中国生态环境状况公报》显示，我国生态环境质量保持改善态势，年度改善目标已完成，主要表现为空气质量、地表水环境质量的两个“向好”，海水水质、土壤、城市声环境和自然生态状况的 4 个“稳定”。尽管我国生态环境质量保持改善态势，还要清醒认识到，“稳中向好”的基础还不稳固，生态环境保护任务依然艰巨，推进美丽中国建设仍需要付出长期艰苦努力。

当前动植物栖息地丧失和碎片化外来物种入侵危害、资源过度利用与干扰等问题仍然存在，我们必须高度重视生物多样性保护的问题。否则，生物多样性丧失趋势将使生态系统滑向不可恢复的临界点，如果地球生态系统最终发生不可挽回的变化，人类文明所赖以生存的相对稳定的环境条件将不复存在。

任务实施

根据所收集的资料，课堂现场讨论生物多样性受到的威胁及原因。针对其主要内容形成汇报与其他小组进行交流。

任务记录

1. 生物多样性威胁

2. 生物多样性受威胁原因

任务启示

任务实施完成后，对所获得的知识感悟进行总结。

任务评价

以小组为单位分别从活动前的准备、活动中的参与，以及对生物多样性威胁和受威胁原因的总结和发现进行组内自评、组间互评和教师评价(表 2-1)。

表 2-1　考核评价表

组号		姓名				日期	
序号	评分项目	分值	组内自评	组间互评	教师评价	平均分	说明
1	生物多样性威胁	20					
2	受威胁原因	20					
3	展现效果	20					
4	表达能力	20					
5	团结合作	20					
	总　分						

任务 2-2　认识影响生物多样性的因素

任务描述

组织学习者围绕专题开展讨论。以小组形式在课前查阅和收集相关资料，达成共识后课上讨论汇报交流。

知识准备

中国生物多样性面临的威胁是多方面的。主要影响因素是，人口的快速增长和工业化、城市化进程的加快，所带来的生态系统破坏、生境破碎化、环境污染、过度开发利用、外来种入侵、气候变化。

1. 生态系统破坏

因人为活动使生态系统不断遭到破坏而导致恶化，已成为目前最严重的环境问题之一。森林是陆地生态系统中分布范围最广、生物量最大的植被类型，许多动植物生活在森林里，它们的生存均依赖于一个健康的生态系统。然而，在人类的经济活动中，森林是生态系统破坏最严重、当下生物多样性受威胁最严重的地区，其生态系统遭到不同程度的破坏。

20 世纪，全球大约 30%的陆地沙漠化，平均每年有 600 万 hm^2 的土地沙漠化，这在很大程度上是森林面积的急剧减少造成的。据美国世界观察研究所相关报告统计，在人类历史发展的初期，地球的陆地面积约有 2/3 为森林覆盖，总面积达 76 亿 hm^2，到 1990 年减为 34 亿 hm^2。被誉为“物种宝库”的热带雨林比原有面积减少了一半，且正以每年 2000 万 hm^2 的速度锐减，这就加速了生物物种的灭绝。

我国森林覆盖率呈增长趋势，但主要是人工林面积的增长，作为生物多样性资源宝库的天然林仍在减少，并且残存的天然林也大多处于退化状态。在 1971—1975 年，我国天然林面积为 9817 万 hm^2，1981—1985 年下降至 8635 万 hm^2。海南岛天然林的覆盖率 1956 年为 25.7%，到 1964 年减少到 18.1%，1983 年仅为 7.2%。黑龙江重点原始林区，1975 年天然林面积为 2316 万 hm^2，到 1985 年则下降为 1238 万 hm^2。西南林区如云南，1975 年天然林面积为 912 万 hm^2，到 1985 年下降为 814 万 hm^2。

约占我国国土面积 1/3 的草原地带，截至 2010 年，较 20 世纪 60 年代初产草量已下降1/3~1/2，尤其是北方半干旱地区草场，退化极为严重，草原生态系统面临严重衰退的局面。在草原受破坏、风沙活动加剧的威胁下，北方沙漠化进程持续加快，沙漠化面积大幅度增加。以内蒙古自治区为例，全区退化草场面积占全区可利用草场面积的50%左右，其中严重退化面积接近总面积的20%。素以水草丰美著称的呼伦贝尔草原和锡林郭勒草原，退化草原面积分别达到23%和41%，退化最严重的鄂尔多斯高原的草场，退化面积达68%。许多生活在草原生态系统的物种面临严峻的生存考验。

不仅陆地生态系统遭到破坏，水域生态系统也不能幸免。20世纪70年代至21世纪初，我国海岸湿地被围垦逾700万 hm^2，加上自然淤涨成陆和人工填海造陆，给垦区附近广大水域的海洋生物资源造成长久不利影响。我国南部海岸的红树林在20世纪50年代初期有5万 hm^2，几十年来的大面积围垦毁林，使红树林遭到严重破坏，目前仅剩红树林2万 hm^2，且部分已退化成为半红树林和次生疏林。同样，生活在湿地或红树林中的物种也面临着严峻的生存挑战。

我国海岸珊瑚礁资源以海南岛海岸分布最广，全岛1600 km海岸约有1/4的岸段分布着珊瑚礁，礁区海洋生物资源丰富。但由于当地居民采礁烧制石灰、制作工艺品等，导致海南岛沿岸80%的珊瑚礁资源被破坏，有些岸段礁资源濒临绝迹，其生物多样性短期内已经无法恢复。

淡水生态系统则由于兴建大型水利、电力工程及围湖造田等而受到严重破坏。例如，长江流域的大量湖区湿地转变为农田，仅湖北、湖南、江西、安徽4省初步统计围垦113万 hm^2。湖北号称“千湖之省”，目前只剩下湖泊326个，湖面由83万 hm^2 减至24万 hm^2，不仅缩小了湿地和水生物种生境，还带来了洪水调节能力下降问题，同时也堵塞了某些重要经济鱼类的洄游通道，如三峡工程的实施对白鱀豚的生存产生了影响。

对生态系统的破坏已经让人类吃到苦头。据联合国相关机构评估，1980年以来，在中国北部，沙漠已经吞噬了81万 hm^2 农田、将近243万 hm^2 牧场和650万 hm^2 森林。中国北方持续的沙漠化已经把世界上发展最快的经济体、一个拥有超过14亿人口的国家推向了全球淡水危机的前沿。

中国荒漠化面积有262.2万 km^2，占国土面积的27.3%，1990—2000年期间每年平均新增2460 km^2，涉及18个省(自治区、直辖市)、471个县(市、区)，尤以西北5省及内蒙古自治区最为严重，占全国荒漠化面积的71.1%。受荒漠化影响，全国40%的耕地不同程度退化，其中800万 hm^2 危在旦夕，1.07万 hm^2 草场也是“命若游丝”。

近年来中国采取了许多遏制生态系统退化的措施，包括禁止滥砍滥伐、退耕还林还草或湿地、天然林保护、湿地保护、自然保护区建设、植树造林、草地管理和污染治理等。这些努力已经在很大程度上减缓了中国生态系统的退化进程。但不可否认的是，中国仍然面临着严重的生态系统退化问题：许多湖泊正在萎缩和消失，水质和水量也在下降，河流、水体遭受到严重的污染，富营养化已经越来越普遍。由于湿地的消失和湿地产品下降，湿地和水生生物多样性正在面临严重的威胁。黄河 30% 的鱼类正在灭绝，一些河口和海岸地区已被宣布为“死亡地带”。草场开垦、人口增加、超牧过载以及灭鼠等行为减少了草场生态系统的多样性，破坏了生态系统的功能，加剧了土地退化。泥炭地生态系统也遭到破坏和消耗，已经严重影响到泥炭地减缓气候变化的功能。荒漠化程度在生态脆弱的干旱地区、草场以及石灰岩地区加剧。道路、堤坝建设、城市化、开矿和旅游等造成了栖息地丧失、退化和破碎并影响到生态系统的功能。

2. 生境破碎化

生境破坏包含生境丧失和生境破碎化。生境丧失是指栖息地被破坏，原有环境在被彻底改造后消失。生境破碎化是在人为活动和自然干扰下，大块连续分布的自然生境被其他非适宜生境分隔成许多面积较小的生境斑块（岛屿）的过程。生境破碎化可导致生态系统严重退化，在热带地区，65% 的自然生境已消失；在温带地区，原始的自然生境已不存在，大面积的水域已被分割。生境破碎化是许多物种濒危和绝灭的重要原因。

据统计，在现已确定绝灭原因的 64 种哺乳动物和 53 种鸟中，由于生境丧失和破碎化引起绝灭的分别为 19 种和 20 种，占总数的 30% 和 38%。因生境丧失和破碎化而受到绝灭威胁的物种比例则更高，在哺乳动物和鸟类中约占 48% 和 49%，在两栖动物中则高达 64%。生境破碎化不仅导致适宜生境的丢失，而且会引起适宜生境空间格局的变化，从而在不同空间尺度影响物种的扩散、迁移和建群以及生态系统的生态过程和景观结构的完整性。

在破碎的生境中，由于适宜的生境斑块周围分布着不适宜的生境，种群中的个体受到隔离效应（isolation effects）的影响，正常迁移和建群都受到隔离或限制。同时因适宜的生境斑块面积不断减少，种群的规模变小，各种随机因素对种群的影响随之增大，近亲繁殖和遗传漂变潜在的可能性增加，种群的遗传多样性下降，影响到物种的存活和进化潜力。生境破碎化引起斑块边缘的非生物环境（如光照、温度和湿度）和生物环境剧烈变化，从而导致边缘效应（edge effects)，这进一步减少了适宜生境的面积，引起大量的外部物种入侵。随着生境破碎化，景观中非适宜生境的类型和面积不断增加，各种斑块的相互作用随之增加，最终会改变斑块生境的物种丰富度、种间关系、群落结构以及生态系统过程，导致生态系统退化。

(1)生境破碎化对物种多样性的影响

生境破碎化是物种多样性丧失的一个重要原因。在智利，生境的破坏是造成鸟类区系丰度和多样性降低的主要原因。对斑块破碎化敏感的物种的移居和定殖能力相对较弱，非洲热带森林下层林木内的鸟对生境破碎化特别敏感，动物的扩散和迁移率随破碎化的速率增高而增高，如 Kattan 等研究了美国哥伦比亚市圣安东尼奥(San Antonio)高地森林景观破碎化对鸟类物种多样性的影响，他比较了 1911 年、1959 年、1963 年、1989 年鸟类的普查资料，发现有 24 种鸟类消失，分析主要原因是生境破碎化后，这些物种所需要的生物地理环境以及觅食结构的复杂性发生了变化。

人为干扰导致自然生境的丢失是物种多样性的主要威胁之一。生境破碎化导致生物多样性丧失的原因主要有以下方面：物种生存面积、种群扩散和迁入、物理状况变化、生境质量变化、生境结构变化。

①物种生存面积。物种的生存需要一定的适合生存的面积，受破碎化影响，大的斑块越来越少，而小的彼此孤立的斑块越来越多，这些斑块里物种生存的能性越来越小。西班牙地中海沿岸森林的破碎化导致鸟类资源持续减少，Tomas 等研究发现，鸟类的丰富度和景观的破碎程度有很大关系，但是受生境特点的影响比较小。在南部景观破碎和退化比较小的地区有 17 种特有种，而在北部景观破碎化和退化严重的地区只有 1 种特有鸟类。研究表明森林鸟类仅仅在面积大于 100 hm^2的森林斑块中筑巢，这可以解释为西班牙林地的生境维持能力比较低，与地中海式气候和人类的长期干扰造成景观破碎和持续退化有关。因此应该采取措施防止生境退化和生境破碎，保护所有面积大于 100 hm^2 的林地。Alandro 和 Miguel 研究了西班牙伊比利亚半岛上的猞猁(*Lynx pardinus*)种群变化，结果表明，当种群占有生境面积小于 500 km^2时就会灭亡；在生境质量满足的情况下 1 个猞猁种群要在 35 年内不灭亡所需要的最小生境是 500 km^2。

②种群扩散和迁入。破碎化的生境对物种的自由扩散产生不同程度的影响。类似于猞猁这类的大中型动物，它们种群数量少，繁殖率低，而活动范围比较大，很容易在破碎化的生境中遭到灭绝。Cosson 等人主要研究了法属圭亚那陆地桥梁岛屿上脊椎动物种群的变化，主要包括蜥蜴、鸟类、不会飞的小型

哺乳动物、蝙蝠和灵长类动物，它们在扩散能力上有很大的不同。研究结果表明，在没有考虑物种越水扩散能力的情况下，森林生境的破碎化迅速改变着脊椎动物的多样性。那些隔离前出现在各个岛屿上的物种，隔离后已经从有些岛屿上消失。Michel 等对比沼泽豹纹蝶(*Proclossiana eunomia*)在连续和破碎生境中的扩散率表明，当种群密度在相同数量层次的时候，破碎景观中斑块间的扩散能力明显较低。

③物理状况变化。生境破碎化可以导致生境内部物理状况如温度、湿度、光照等的变化，对于那些对环境要求苛刻的物种会产生不利的影响，如黄连(*Coptis chinensis*)和短萼黄连(*Coptischinensis* var. *brevisepala*)对阴湿条件的适应与要求，导致其对环境条件要求较高。这些物种所在的生境一旦遭到破碎，物种就很可能灭绝。

④生境质量变化。破碎化对物种生境的数量、分布和质量都会产生影响，破碎化造成的质量下降不可忽视。Gary 研究了澳大利亚西南部破碎和未破碎生境对红褐旋木雀(*Climacteris rufa*)种群生存影响的过程，发现生境之间在捕食率上区别不大，但是在破碎化生境中雏鸟的食物供应率和猎物总量显著低于未破碎的生境，平均生境质量也明显比较低。随之而来的繁殖成功率、幼鸟存活率、食物供应量和生境质量的下降都会对其生存产生威胁。红褐旋木雀在破碎生境中的生存能力明显较低。

⑤生境结构变化。破碎生境中，生境结构不同，对于物种种群的影响程度存在差异。Jean 的研究建立了热带破碎化地区植物多样性与生境空间结构的关系，森林连接度和生境镶嵌复杂性是联系树种丰富度和均匀度变化的主要空间结构因素。森林斑块的空间排列和基质的复杂性对于被研究种类生存的控制作用也许比破碎化和隔离更为重要。Kevin 的研究表明，生境数量和结构都可以影响物种的生存，在同一景观中，生境的数量、配置和结构复杂性对生存的影响是不同的，增加结构复杂性不总是导致物种存活率变化。

(2)生境破碎化对生态系统多样性的影响

生态系统多样性是生物多样性的重要表现。生境破碎化使景观中非适宜生境的类型和面积不断增加，各种斑块的相互作用增加，最终改变生态系统内的物种丰富度、种间关系、群落结构和生态系统的生态过程、改变生态系统结构，导致了生态系统功能的退化和类型的消失。哥伦比亚是世界上动植物资源最丰富的国家之一，生物多样性的丧失和景观的变迁却非常迅速以至于到现在整个生态系统类型都有消失的危险，有些地区的热带雨林面积只剩原始的25%。Armenteras 等利用遥感和地理信息技术对哥伦比亚东部安第斯山脉(Andes)的森林景观破碎化状况进行了研究，发现栎属(*Quercus*)森林地区和干旱地区是景观破碎化最脆弱的地区，是要首先保护的对象。

(3)生境破碎化对遗传多样性的影响

破碎化造成遗传隔离，使残存种群中遗传可塑性缺乏而导致繁殖失败。许多研究证实，生存于小生境片段中的小种群具有很高的灭绝风险。在破碎的生境中，适宜的生境斑块周围分布着不适宜的生境，种群中的个体受到生境破碎化产生的面积效应和隔离效应的影响，导致正常迁移和建群都受到隔离或限制。同时因适宜的生境斑块面积不断减少，种群的规模变小，种群的基因交流受到了限制，近亲繁殖增加，种群遗传多样性下降，种群繁殖力下降也引起生存力下降，特别是有高度破碎化种群结构的物种。近亲繁殖将导致被隔离的小种群的种群数量下降以至最终灭绝。

(4)边缘效应

生境破碎化引起斑块边缘非生物环境(如光照、温度和湿度)和生物环境的剧烈变化，从而导致边缘效应。边缘效应的影响可以深入到森林内 1000 m 甚至更远，这在破碎景观中进一步减小了适宜生境的面积，引起大量外部物种入侵。Stevens 发现小哺乳类物种多样性从森林内部向边缘梯减。此外，边缘效应可导致种群的遗传多样性下降，如我国北方农区的大仓鼠种群，其遗传多样性在分布区的中心区高、边缘区低，并与该种群离边缘区的距离呈显著正相关。而且边缘效应可以对斑块内部物种丰富度和多度产生重要影响。

道路增加产生的边缘效应可以引起比道路本身所占面积大得多的生境退化，Forman 等估算马萨诸塞州高速公路的平均边缘影响深度(depth of edge influence，DEI)为 600 m。边缘效应影响还涉及微气候、空气质量、噪声环境、土壤理化性质和其他生态系统过程等许多方面。对亚马孙雨林破碎化的研究显示，物种丰富度与斑块大小呈正相关，原始森林比破碎森林拥有更多的物种，一些对面积高度敏感的物种在破碎化的森林生境中消失。

边缘效应还可引起捕食增加。由于生境破碎化，斑块的面积变小和隔离使捕食者—猎物关系也发生相应变化。小斑块由于提供的庇护场所较少和边缘面积增加，猎物被捕获的概率增加，动物种群生存受到威胁。例如，在美国中西部，森林鸟类的窝捕食(nest predation)率随森林覆盖率升高而降低，在破碎景观中窝捕食率上升。由生境斑块化导致的捕食率升高多发生在斑块边缘。在生态交错区，幼鸟可能遭到更多捕食者的捕食，而使幼鸟羽化率低于核心区。Pasitschaniak 等认为生境边缘的高捕食率可能是捕食者对高猎物密度作出的反应，或是捕食者利用边缘作为迁移通道的结果。

3. 环境污染

随着科技的发展、社会的进步，人类为了各种经济目的向大自然排放有毒物质的行为不胜枚举，工业废水、汽车尾气、固体垃圾、原油泄露等都使生物生存的环境急剧恶化。人类还向大气圈排放大量的废弃物质，如氮氧化物、硫化物、碳氧化物、碳氢化合物、光化学烟雾等，还有各种粉尘、悬浮颗粒(包含各种金属颗粒)，这些有害物质的不断增加，致使臭氧层损耗加剧、出现大范围的酸雨、全球气候不稳定、异常气候增多，许多动植物的生存环境受到影响。大量的工业废水和生活污水被排入湖泊、河流，使水体的自净功能受损，大大加剧了水体的富营养化，河流湖泊的污染使得鱼类的生存受到威胁。例如，由于大气污染导致的酸雨已使挪威南部2000多个湖泊成为死湖，德国约有50%的森林由于酸雨的危害而丧失或受到严重破坏。中国的环境污染问题较为严峻，《2022中国生态环境状况报告》显示，全国地表水监测的3629个国控断面中，Ⅰ~Ⅲ类水质断面占87.9%，劣Ⅴ类水质断面占0.7%，主要污染指标为化学需氧量、高锰酸钾指数和总磷。长江流域、珠江流域、浙闽片河流、西北诸河和西南诸河水质为优，黄河流域、淮河流域和辽河流域水质良好，松花江流域和海河流域为轻度污染。2022年，全国监测的1890个国家地下水环境质量考核点位中，Ⅰ~Ⅲ类水质点位占77.6%，Ⅴ类占22.4%，主要超标指标为铁、硫酸盐和氯化物。2022年，全国海洋倾倒量32 366万 m^3，比2021年上升19.9%，倾倒物质主要为清洁疏浚物。

4. 过度开发利用

滥捕乱杀和滥采乱伐同样使我国的生物多样性受到严重威胁。在濒临灭绝的脊椎动物中，有37%受到过度开发的威胁。许多野生动物因被作为“皮可穿，毛可用，肉可食，器官可入药”的开发利用对象而遭到灭顶之灾。藏羚羊是我国特有物种，是国家一级保护野生动物。1986年在西藏、新疆、青海藏羚羊的栖息地，种群密度为3~5头/km^2，到20世纪90年代初，仅0.2头/km^2。

由于人口的急剧增长，人类对自然资源的开发利用大大增加。渔业资源的过度捕捞、森林砍伐、野生动植物的滥捕滥采等一些过度开发利用生物资源的行为，已经成为生物多样性急剧锐减的重要原因之一。由于国家和个人对药用植物的收集增加，不少地方滥采乱伐问题严重，导致野生药用植物越来越少。

据统计，全球有400多种药用植物濒临灭绝，其中有些植物可以用于治疗癌症和艾滋病等。冬虫夏草在我国是药用价值和经济价值较高的中草药，由于人为过度地采挖破坏了其生长的环境条件，冬虫夏草资源目前已处于濒危状态。中国草原过度放牧现象严重，全国重点天然草原的牲畜平均超载率为28%。长期过度放牧破坏了草原植被，造成草原退化、沙化。截至2022年，中国海洋捕捞渔业在整个渔业体系中举足轻重，海洋年捕捞量达1500万t。高强度捕捞加剧了海洋渔业资源的衰退，小型鱼、低龄鱼、低值鱼比例增加，渔业资源营养级降低。野生动植物由于具有药用、食用、观赏等多方面的经济价值，往往成为非法贸易的对象。《2022中国环境状况公报》显示，全国39 330种高等植物(含种下单元)的评估结果中，需要重点关注和保护的高等植物有11 715种，占评估物种总数的29.8%，其中受威胁的有4088种、近危等级的有2875种、数据缺乏等级的有4752种。4752种脊椎动物(除海洋鱼类)的评估结果中，需要重点关注和保护的脊椎动物有2816种，占评估物种总数的59.1%，其中受威胁的有1050种、近危等级的有774种、数据缺乏等级的有992种。9302种已知大型真菌的评估结果中，需要重点关注和保护的大型真菌有6538种，占评估物种总数的70.3%，其中受威胁的有97种、近危等级的有101种、数据缺乏等级的有6340种。

5. 外来物种入侵

生物入侵(biological invasion)是指某种生物由原来的自然分布区域扩展到一个新的地区，在新的地区里，其后代可以繁殖、扩散并维持下去。具有入侵潜能的外来种通常表现出具有生态适应的广谱性，生长发育迅速，繁殖力强，产生化感物质，具有较大的环境耐性、较高的协同进化潜力，能破坏生态系统原有的物种共生关系等特性，通过传播疾病、竞争、捕食或与本地种杂交等方式，影响着本地物种的多样性及其生态系统功能。

外来物种入侵是导致生物多样性丧失的主要原因之一。许多人类活动，如农业、渔业、旅游、运输、贸易等，均可有意或无意地促进物种跨越天然的扩散屏障而在全球范围内传播，世界上许多国家都遭受过或正在遭受外来入侵生物的严重危害。例如20世纪初，亚洲栗枯萎病菌(*Endothia parasitica*)传入纽约，在短短10年间就传遍了美国东部1/3的地区，摧毁了几乎所有曾为当地优势种的美洲栗(*Castanea dentata*)；20世纪50年代，捕食性动物尼罗河河鲈(*Lates niloticus*)引入东非维多利亚湖，导致200多种本地鱼类灭绝，成为现代脊椎动物最巨大的灭绝事件。

外来入侵物种往往具有较强的适应性，能广泛分布，取代本地物种，破坏本地群落的结构和功能，导致生物多样性的降低。这些物种的扩张降低了本地植物和动物区系的独特性，导致全球物种组成的趋同。生物入侵同时也带来了巨大的经济损失。美国每年因外来入侵物种造成的经济损失达 1370 万美元。以下是发生在我国几个严重的外来物种入侵案例。

中国幅员辽阔，跨越近 50 个纬度、5 个气候带，多样化的生态系统使中国更易遭受外来入侵物种的侵害，来自世界各地的大多数外来物种都可能在中国找到合适的生境。中国是世界上遭受外来入侵物种危害最严重的国家之一，目前有外来入侵物种 500 余种，松材线虫、湿地松粉蚧、松突圆蚧、美国白蛾、松干蚧、稻水象甲、美洲斑潜蝇、非洲大蜗牛等外来入侵物种对农林业生产、环境和生物多样性造成严重的不利影响。据估算，外来入侵物种每年对中国环境和经济造成的损失约 1199 万元。原产中美洲墨西哥和哥斯达黎加的紫茎泽兰，大约于 20 世纪四五十年代传入我国，现已广泛分布西南各省份，严重威胁着该地区的生物多样性，引起物种丧失加快、遗传资源流失严重、自然景观遭到破坏、生态系统功能部分或完全丧失，使该地区的生态环境恶化现象明显，给生态环境、经济建设、可持续发展等带来了较大的影响。

微甘菊(*Mikania micrantha*)原产于中美洲，现已广泛传播到亚洲热带地区，包括印度、马来西亚、泰国、印度尼西亚、尼泊尔、菲律宾，以及巴布亚新几内亚、所罗门群岛、印度洋圣诞岛和太平洋上的一些岛屿包括斐济、西萨摩尔、澳大利亚北昆士兰地区。作为外来杂草，微甘菊 1919 年便在香港出现，1984 年在深圳发现，现广泛分布于香港和珠江三角洲地区。微甘菊是一种具有超强繁殖能力的喜欢攀缘的藤本植物，攀上灌木和乔木后，能迅速形成整株覆盖之势，使植物因光合作用受到破坏窒息而死，微甘菊也可通过产生异株克生物质来抑制其他植物的生长。对 6~8m 以下天然次生林、人工速生林、经济林、风景林的几乎所有树种，尤其对一些郁密度小的次生林、风景林的危害最为严重，可造成成片树木枯萎死亡而形成灾害性后果。自 20 世纪 90 年代开始，该杂草从东南亚蔓延到香港及整个珠江三角洲地区。在 460 hm^2 的内伶仃岛国家级自然保护区内，约 80 hm^2 遭受微甘菊的危害，在自然保护区里的 600 多只猕猴以及穿山甲、蟒蛇等重点保护动物，赖以为生的香蕉、荔枝、龙眼、野生橘及一些灌木和乔木被微甘菊大片覆盖，难以进行正常的光合作用。由于环境遭到了极大的破坏，岛上的猕猴、红树林及鸟类的生存受到危胁，如不采取紧急措施，不但诸如猕猴等国家重点保护野生动物有着灭绝的风险，这个国家级自然保护区也面临被毁灭的危险。广东省、深圳市和珠海市政府组织多次人工拔除，但收效甚微；后期组织开展化学防治试验，并进行微甘菊天敌群落的调查工作。

互花米草是20世纪60年代从美国引进到福建的一种植物，当时认为它有保护海堤、作饲料和燃料的用途。但由于互花米草的繁殖能力极强，很快遍布9338 km^2 的海滩，致使鱼虾及贝类等水产品遭到毁灭性的打击，其中200多种生物濒危乃至绝迹。

云南省为我国鱼类资源最丰富的省份，拥有土著鱼类432种，占全国淡水鱼总数的42.2%。自20世纪50年代起，大规模的鲢、鳙等长江鱼类的引种和繁养，导致了云贵高原许多土著或特有鱼类的濒危。目前，云南省约有1/3的土著鱼类受威胁或濒危，其中湖泊鱼类的濒危种高达2/3。20世纪70年代云南昆明滇池发现有30余种外来鱼类，在20年内使本地鱼类从25种下降到8种。水葫芦是我国1901年从国外引进的一种植物，曾一度用它来进化污水，但引入滇池后，由于水质污染导致水葫芦疯长，几乎遮盖了整个滇池，使很多水生生物几乎绝迹。

6. 气候变化

气候变化使生物物候、分布和迁移发生改变，使一些物种在原栖息地消失。青海湖地区气候呈现暖干化趋势，与20世纪中期相比，豆雁等26种鸟类从湖区消失。气候变化使有害生物的分布范围改变，危害加剧。例如，气候变暖使加拿大一枝黄花的分布范围扩大。2022年，全国平均气温10.51℃，较常年(1991—2020年)平均值偏高0.62℃，为1951年以来历史次高。除吉林、广西和海南气温较常年偏低外，其他省(自治区、直辖市)气温均偏高，甘肃、湖北、四川和新疆气温为1961年以来历史最高，安徽、河南、湖南、江苏、江西、宁夏和青海为历史次高。气候变化还会使海洋生物的群落结构发生改变。我国黄海主要冷水动物种数和种群密度正在随水温的升高下降，黄海冷水底栖生物区系多样性较20世纪60年代显著降低。

7. 单一品种的大规模种植

随着新品种的开发和广泛使用，栽培的作物集中在少数几个品种，单一品种的推广面积大幅度提高，而许多拥有重要基因资源的传统品种遭到淘汰，甚至永远消失。

任务实施

根据所收集的资料，课堂现场讨论生物多样性的影响因素有哪些？针对其主要内容形成汇报与其他小组进行交流。

任务记录

1. 生物多样性的影响因素

____

____

2. 例举周围及家乡案例说明

____

____

任务启示

任务实施完成后，对所获得的知识感悟进行总结。

____

____

任务评价

以小组为单位分别从参与者活动前的准备、活动中的参与，以及对生物多样性的影响因素的总结和发现进行组内评价、组间互评和教师评价（表 2-2）。

表 2-2　考核评价表

组号		姓名				日期	
序号	评分项目	分值	组内自评	组间互评	教师评价	平均分	说明
1	生物多样性的影响因素	20					
2	举例说明	20					
3	展现效果	20					
4	表达能力	20					
5	团结合作	20					
	总　分						

任务 2-3　濒危物种等级划分

任务描述

以小组为单位在课前查阅和收集相关资料，对生源地或当地濒危动植物进行濒危等级划分，在课上进行展示汇报。

知识准备

许多物种面临着灭绝的危险，但每个濒危物种遭遇的灭绝威胁程度和原因各不相同。在实施濒危物种保护工程时，必须做到有的放矢，针对物种的濒危等级提出具体的保护措施，确定物种保护投入的资源量。

濒危物种保护是保护生物学的一个核心问题。怎样建立物种濒危等级的指标体系，是保护生物学家面临的一项艰巨任务。从 20 世纪 60 年代开始，人们就在努力地研究制定物种濒危等级标准。其中比较成熟的、在国内外濒危物种的濒危等级划分上应用较为广泛的是 IUCN 物种濒危等级。

1. IUCN 及《IUCN 濒危物种红色名录》

世界自然保护联盟（IUCN）成立于 1948 年，是目前世界上最大的自然保护团体。截至 2023 年，IUCN 已拥有来自 170 多个国家和地区的 1400 多家会员机构。自 20 世纪 60 年代开始，IUCN 根据所收集到的信息，并依据 IUCN 物种生存委员会的报告，编制全球范围的《濒危物种红皮书》（*Red Data Book*）。《濒危物种红皮书》根据物种受威胁程度和估计灭绝风险，将物种列为不同的濒危等级。IUCN 发布《濒危物种红皮书》有 3 个目的：①不定期地推出《濒危物种红皮书》以唤起世界对野生物种生存现状的关注；②提供有关濒危物种信息供各国政府和立法机构参考；③为全球科学家提供有关物种濒危现状和生物多样性的基础数据。

IUCN 早期使用的濒危物种等级系统包括灭绝（extinct）、濒危（endangered）、易危（vulnerable）、稀有（rare）、未定（indeterminate）和欠了解（insuffieiently known），但此标准存在很大的主观性。在 20 世纪六七十年代，编写《濒危物种红皮书》的工作都是由一位作者来完成，作者尚能掌握濒危标准。20 世纪 80 年代以来，制定《濒危物种红色名录》的工作由多位作者来完成，因此，迫切需要一套客观的濒危物种评价标准。1984 年，IUCN 物种生存委员会召开了题为“灭绝之路”的研讨会，分析了当时的濒危物种评价标准的不足之处，探讨了濒危物种评价标准的修订问题，但在研讨会上人们未能就如何修改当时的濒危物种标准达成一致意见。

2. Mace-Lande 物种濒危等级标准

1991 年，Mace 和 Lande 第一次提出了根据在一定时间内物种的灭绝概率来确定物种濒危等级的思想，并据此制定了一套物种濒危标准，被称为 Mace-Lande 物种濒危等级标准。随后，人们在一些生物类群中尝试应用 Mace-Lande 物种濒危等级标准划分濒危等级。1994 年 11 月，IUCN 第 40 次理事会会议正式通过了将经过修订的 Mace-Lande 物种濒危等级标准作为新的 IUCN 濒危物种等级标准系统。1996 年和 2001 年，《IUCN 濒危物种红色名录》均应用了新的 IUCN 濒危物种等级标准系统。

Mace-Lande 物种濒危等级标准使用了如下等级：①灭绝(extinct，EX)：如果一个生物分类单元的最后一个个体已经死亡，列为灭绝；②野生灭绝(extinct in the world，EW)：如果一个生物分类单元的个体仅生活在人工栽培和人工圈养状态下，列为野生灭绝；③极危(critically endangered，CR)：野外状态下一个生物分类单元灭绝概率很高时，列为极危；④濒危(endangered，EN)：一个生物分类单元虽未达到极危，但在可预见的不久的将来，其野生状态下灭绝的概率高，列为濒危；⑤易危(vulnerable，VU)：一个生物分类单元虽未达到极危或濒危的标准，但在未来一段时间内其在野生状态下灭绝的概率较高，列为易危；⑥低危(lower risk，LR)：一个生物分类单元，经评估不符合列为极危、濒危或易危任一等级，列为低危；⑦数据不足(data defieient，DD)：对于一个生物分类单元，若无足够的资料对其灭绝风险进行直接或间接的评估时，可列为数据不足；⑧未评估(not evaluated，NE)：未应用有关 Mace-Lande 物种濒危等级标准评估的分类单元，列为未评估。Mace-Lande 物种濒危等级标准还提出了濒危物种的种群下降速率、分布范围大小、预计种群下降速率以及灭绝概率等的数量标准。

Mace-Lande 物种濒危等级标准中的“低危”又分为 3 个亚等级：①依赖保护(conservation dependent，ED)：该分类单元生存依赖于对该分类类群的保护，若停止这种保护，将导致该分类单元数量下降，该分类单元 5 年内将达到受威胁等级；②接近受危(near threatened，NT)：该分类单元未达到依赖保护，但其种群数量接近易危类群；③略需关注(least conservation，LE)：该分类单元未达到依赖保护，但其种群数量接近受危类群。

国内学者对 IUCN 物种濒危等级标准系统进行了推介。《中国植物红皮书》参考 IUCN 红皮书等级制定，采用“濒危”(endangered)、“稀有”(rare)和“渐危”(vulnerable)3 个等级：①濒危：物种在其分布的全部或显著范围内有随时灭绝的危险，这类植物通常生长稀疏，个体数和种群数低，且分布高度狭域，由于栖息地丧失或破坏、或过度开采等原因，其生存濒危；②稀有：物种虽无灭绝的直接危险，但其分布范围很窄或很分散或属于不常见的单种属或寡种属；③渐危：物种的生存受到人类活动和自然原因的威胁，这类物种由于毁林、栖息地退化及过度开采等原因在不久的将来有可能被归入濒危等级。

《中国濒危动物红皮书》的物种等级划分参照了 1996 年版《IUCN 物种濒危红色名录》，根据中国的国情，使用了野生绝迹(Ex)、国内绝迹(Et)、濒危(E)、易危(V)、稀有(R)和未定(I)6 个等级。其中，①濒危：指野生种群已经降低到濒临灭绝或绝迹的临界程度，且致危因素仍在继续；②易危：指野生种群已明显下降，如不采取有效保护措施，势必成为濒危者，或因近似某濒危物种，必须予以保护以确保该物种的生存；③稀有：指从分类定名以来，迄今总共只有为数有限的发现记录，其数量稀少的原因主要不是人为的因素；④未定：指情况不甚明了，但有迹象表明可能已经属于或疑为濒危或易危者。

人们一直期望建立一个客观的评价物种濒危等级的标准。Mace-Lande 物种濒危等级标准是目前应用较为广泛、影响较为深远的物种濒危标准。但是，Mace-Lande 物种濒危等级标准在实际应用中遇到了一些问题。其中最主要的问题是不同的动物类群能否应用同一濒危标准尺度。例如，按照 Mace-Lande 物种濒危等级标准，如果 1 个物种的个体数目少于 200 时，物种为濒危。这一条标准对哺乳动物来说成立，但是对于鱼类来说，200 尾显然数量太少，有些鱼类的数量少于几万条时即为濒危。此外，不同生物类群物种的栖息地面积，也很难用同一栖息地面积标准来判断物种是否濒危。IUCN《濒危物种红皮书》与《IUCN 濒危物种红色名录》虽然不是国际法和国家法律，但是对于政府间组织、非政府组织的保护决策以及各国的自然法律法规制定产生了世界范围的影响，如《拉姆萨尔(RAMSA)公约》的濒危物种标准，即采用了 IUCN 物种濒危等级标准系统。同时，IUCN 物种濒危等级标准系统作为评价物种濒危程度的理论体系，在保护生物学理论研究中也产生了深远的影响。

3. 濒危物种等级划分亟须解决的问题

虽然 IUCN 物种濒危等级标准系统在保护实践中获得积极评价，但在实际应用中仍然存在问题。例如，我国在研究制定中国水生野生生物濒危等级标准时发现，如果直接应用IUCN物种濒危等级标准系统，下面一些问题将无法得到科学回答。

(1)具体区分

评定物种濒危等级时，如何区别对待那些本来就数量稀少、生境狭窄的物种和那些由于人类活动而导致其种群数量与生境面积急剧下降的物种？

这是保护生物学面临的难题之一。一些物种属于生物进化中的孑遗种，一些物种由于其特殊的生境要求，其分布区狭窄；而更多的濒危物种是由于人类活动改变了其生存环境，如过度猎捕等原因而导致其分布区狭窄、种群数量下降。这两类物种应区别对待。

(2)标准参考

不同的动物类群能否应用同一濒危标准尺度？

水生野生生物包括那些在水体中完成主要生活史的哺乳动物、圆口类、鱼类、无脊椎动物和野生植物等生物类群，这些生物的生活史、种群和生境特征差异很大。IUCN物种濒危等级标准中的种群数量波动幅度标准对于K对策物种成立，但是对于r对策物种，种群的大幅度波动是种群的特征，不能作为物种濒危的标准。此外，生物类群的种群、生境和生活史特征差异很大，物种的种群数量通常不能作为所有生物类群通用的濒危标准尺度。例如，水獭(*Lutra lutra*)每胎产2~3仔，小爪水獭(*Amblonyx cinerea*)每胎产1~6仔，平均2仔。而中华鲟(*Acipenser sinensis*)每次平均能产64万颗卵。按照IUCN物种濒危等级标准，如果一个物种的个体数目少于200，物种的濒危等级为极危。这一条标准对哺乳动物来说成立，但是对于鱼类则值得商榷。如按照IUCN物种濒危等级标准，中华鲟一类的物种将不是濒危物种。此外，不同生物类群物种的生境面积大小不同，很难用IUCN物种濒危等级标准中的同一生境面积标准来测度物种是否濒危。

(3)分布不均

如何区别对待物种边缘分布区和核心分布区的种群数量与密度的差异？怎样区别对待特有种与广布种？

一些物种在国内的分布区小、数量少，是因为国内是这些物种的边缘分布区，因此，如果按分布区和种群数量评价，这些物种将会被定为受胁或濒危。但是，这些物种可能在国外有相当的分布区和种群数量。有些濒危物种是特有种，有些是广布种，在评定濒危等级时，怎样区别对待？

(4)局部问题

如何处理种群的局部灭绝、局部濒危？

自然界的物种常常具有集合种群结构。集合种群中的局域种群之间存在个体迁徙、基因交流；同时，集合种群中局域种群存在局部灭绝。评定物种的濒危等级时，如何评价种群的局部灭绝、局部濒危问题是一个值得深入思考的问题。

(5)人工干预

一些濒危物种在野生生境中濒危，但是这些物种可以人工繁殖，如何处理可以人工繁殖的濒危物种？

渔业资源增殖放流是改善水域生态环境、恢复渔业资源、保护生物多样性和促进可持续发展的重要途径。为了不使人类的生产建设影响鱼类的生存，1982年，党中央、国务院采纳鱼类专家的建议，指定国家有关部门审批成立了救护中华鲟的专业机构——葛洲坝中华鲟研究所。研究所每年向长江投放中华鲟苗30万尾以上。1983年，长江水产研究所、湖北省水产局、宜昌市水产研究所等单位组成的中华鲟人工繁殖协作组取得了葛洲坝下中华鲟人工孵化的成功，此后不久便开始向长江增殖放流中华鲟苗。据统计，1983—1998年，共增殖放流各种规格中华鲟苗近600万尾。1999年12月投放10万尾10cm以上大规格中华鲟苗。虽然野生中华鲟的数目还不多，但是中华鲟总数已经远远高于IUCN物种濒危标准中的受胁标准。这也为濒危等级制定带来了新的问题，在确定物种的濒危等级时，如何处理这些能人工繁殖的濒危物种？

(6)资料缺失

如果没有种群与栖息地的精确历史资料和统计数据，怎样应用物种的濒危标准评估其濒危等级？

在评价物种的濒危等级时，人们遇到的一个突出困难是缺少物种的分布现状、数量和种群生物学知识，加上有关信息的不确定性，很难确定物种的濒危等级。有时，我们不仅缺乏物种的历史分布和种群数量资料，还缺乏物种的分布现状和现生种群数量资料，完全靠专家的经验与印象评定物种的濒危等级。

4. 生物史上的大灭绝事件

35万年以来，地球上生存过大约40万种生物，其中99%现在已经不存在了。这表明物种灭绝是很正常的。但是有的时期物种灭绝率相对较高，被称为大灭绝(mass extinction)。公认的大灭绝共有5次，都发生在古生代(540~250 Ma BP*)及中生代(250~65 Ma BP)。但灭绝率较高的事件绝不只有这5次，寒武纪(540~505 Ma BP)以来至少有29次，不过灭绝强度大多比这5次弱。

---

* M：million；a：year；B：before；P：present。Ma指百万年，而Ma BP即指距今百万年，如10 Ma BP是指距今1000万年。

Jablonski 认为，可以把灭绝率达到 75%的称为大灭绝，根据这个定义也只有 5 次灭绝达到这个标准。有人指出当前又面临一次新的大灭绝，可称之为第 6 次大灭绝。

第 1 次大灭绝出现于 4.4 万年前(440 Ma BP)的奥陶纪与志留纪之交。奥陶纪气候温和，浅海广布，世界上许多陆地都被浅海覆盖，海洋生物空前发展，包括笔石、珊瑚、腕足、海百合、苔藓虫和软体动物类。在奥陶纪末期发生了一次规模较大的冰期，南极冰盖迅速扩大，海平面下降 150 m 以上，海洋生物的生存空间骤然减少，笔石、三叶虫等海洋动物大量灭绝，致使地球上 3.3~7.9 Ma 物属减少了 57%，物种灭绝了 86%。有人认为这次大灭绝是一颗超新星爆发产生的伽马射线袭击了地球，导致宇宙射线杀死了大量浅海生物。

第 2 次大灭绝发生于 3.67 万年前(367 Ma BP)在泥盆纪与石炭纪之交。经过这次大灭绝物属减少了 35%，物种消失了 75%。海洋中的物种比淡水中的物种受到的影响更大，珊瑚、腕足、菊石、海百合等许多无脊椎动物损失惨重。而在陆地上，正在不断衍生出新的植物物种。从暖水海洋中物种不成比例的消失来看，全球变冷可能是一个重要的因素。有人认为气候变冷的原因可能是中太平洋深海火山的喷发。

第 3 次大灭绝出现于 2.5 万年前(250 Ma BP)，即二叠纪与三叠纪之交。二叠纪地球上一派欣欣向荣的景象，海百合、菊石、珊瑚和鱼类在海洋中异常繁荣，两栖动物及爬行动物进一步深入内陆活动。大约在 2.5 万年前，地球历史上最大的一次集群灭绝事件发生了。2.8 Ma 内物属减少了 56%，物种减少了 96%。受影响最大的是海洋生物，超过 3/4 的脊椎动物消失了。蜥蜴类、两栖类、兽孔目爬行类也急剧衰落。有人认为这次大灭绝的原因是西伯利亚火山爆发，持续约 1 Ma，导致大气含氧量下降。但是也有人认为可能是与来自宇宙的星体碰撞的结果。

第 4 次大灭绝发生于三叠纪与侏罗纪之交，距今 2.08 万年(208 Ma BP)。这次灾难造成 0.6~8.3 Ma 47%的物属灭绝，物种减少 80%。海洋生物科的灭绝率是 1/4。还有研究认为在三叠纪末期至少有两次灭绝时期，相隔 12~17 Ma。但是，无论是单一的大灭绝，还是连续小灭绝的组合，在这一时期里，牙形石类全部灭绝，菊石、海绵动物、头足类动物、昆虫及陆生脊椎动物中的多个门类都走到了进化的终点。有人认为这次大灭绝的原因是盘古大陆分裂，导致又一次超级火山爆发。结果是消灭了除恐龙以外的所有元龙类；恐龙由于适应新的环境而迅速崛起并成为地球的主宰。真正的哺乳类在三叠纪末已经出现，虽然也熬过了这次灾难，但是由于对于新环境的适应力不如恐龙，之后一直生活在恐龙的阴影之下，在新生代以前始终没能向大型化发展。

第5次大灭绝发生在65 Ma BP年前，在白垩纪与第三纪之间。这是地球历史上第二大的集群灭绝事件，广为人知的是恐龙的灭绝。据统计，在白垩纪末，生物圈有2868个物属，到了第三纪初只剩下1502个物属，灭绝率达52%，物种的灭绝率达85%。受影响最大的是陆地上的恐龙和海洋生物界的浮游生物，也包括一些海洋底栖生物类别。其灭绝率为：淡水生物达97%、海洋浮游微生物为58%、海洋底栖生物为51%、海洋浮游生物为30%。除了恐龙灭绝之外，曾在前4次大灭绝中都得以幸存的菊石最终还是灭绝了。但是，某些物种却基本没有影响，鳄鱼、海龟、蜥蜴、哺乳动物以及鸟类都顺利渡过了这场危难。恐龙及其同类的消失为哺乳动物及人类的登场提供了契机。专家分别从火山喷发、气候变化、环境变化和宇宙线变化的角度进行了研究。目前对这次大灭绝普遍接受的一种解释是一颗巨大的小行星或彗星坠落到地球上产生的尘埃遮天蔽日，引起地球植物大量死亡，恐龙等大批动物因食物匮乏而遭致灭顶之灾(图2-1)。

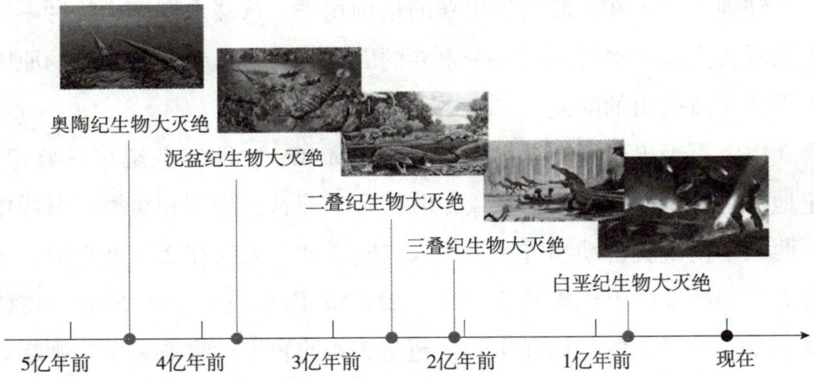

图2-1　生物大灭绝发生时间轴

如上所述，古生代以来至少发生过5次生物大灭绝，且对每次大灭绝发生原因的分析都有不同意见。大体上可以归纳为6种原因：火流星(bolide)、火山爆发、寒冷、变暖、海退(regression)和海侵(transgression)。

最后，需要指出的是，我们确实面临着第6次大灭绝的威胁。1600年以来，有记录的高等动物和植物已灭绝724种。热带雨林被砍伐对物种损失的影响更为突出。在20世纪的100年中，全世界共灭绝哺乳动物23种，为化石记录的13~135倍。生物多样性正面临着有史以来最严重的威胁。研究表明，21世纪生物灭绝要高于20世纪，并且远超过化石记录的平均水平，但尚未达到大灭绝的水平。Barnosky等也认为，现代物种的消失是严重的，但是还没有达到古生物学意义上的大灭绝。但无论如何也要承认现在是“十分危险”的，也许只要几百年就可能出现第6次大灭绝，特别是未来气候异常变暖，大气中

CO_2 浓度继续增加，扩大了这种危险，因此要尽一切可能解除那些造成现代物种灭绝的压力。

任务实施

根据课前收集的资料，分析生物多样性的受胁情况、原因，列出生源地或当地濒危植物名录，并以此为依据进行濒危等级的划分，于课堂上分组开展汇报。

任务记录

1. 生源地或当地濒危植物名录

2. 濒危等级如何划分，依据是什么？

任务启示

任务实施完成后，对所获得的知识感悟进行总结。

任务评价

以小组为单位进行活动评价，根据参与者活动前的准备、活动中的参与，以及对列出的濒危植物名录和濒危等级划分的合理性进行组内自评、组间互评和教师评价(表 2-3)。

表 2-3　考核评价表

组号		姓名				日期	
序号	评分项目	分值	组内自评	组间互评	教师评价	平均分	说明
1	濒危植物名录	20					
2	濒危等级划分	20					
3	展现效果	20					
4	表达能力	20					
5	团结合作	20					
	总　分						

知识拓展

2020年联合国生物多样性大会(第一阶段)高级别会议昆明宣言

生态文明：共建地球生命共同体

我们，部长和其他代表团团长，在联合国生物多样性大会*召开之际，应中华人民共和国政府的邀请，于2021年10月12日至13日在中华人民共和国云南省昆明市现场和远程会晤。

回顾　与“人与自然和谐共生”的2050年生物多样性愿景的关联，

回顾　《联合国2030年可持续发展议程》，并认识到要实现《生物多样性公约》的各项目标和2050年生物多样性愿景，必须在环境、社会和经济维度全面实现该议程，

强调　生物多样性及其提供的生态系统功能和服务为地球上所有形式的生命提供支持，巩固人类和地球的健康与福祉、促进经济增长和可持续发展，

关切　生物多样性的持续丧失危及可持续发展目标和其他国际目标的实现，

认识到　过去十年在《2011—2020年生物多样性战略计划》下取得了一定进展，但令人深切担忧的是这些进展不足以实现爱知生物多样性目标，

深切地认识到　生物多样性丧失、气候变化、土地退化和荒漠化、海洋退化和污染以及日益严峻的人类健康和粮食安全风险，这些前所未有和相互关联的危机对我们的社会、文化、繁荣和星球构成威胁，

认识到　这些危机具有许多共同的潜在变化动因，

也认识到　生物多样性丧失的主要直接驱动因素是土地和海洋利用变化、过度开发、气候变化、污染和外来入侵物种，

认识到　土著人民和地方社区通过运用传统知识、创新和做法，以及他们对传统土地和领地上的生物多样性的管理，为保护和可持续利用生物多样性作出贡献，

也认识到　妇女和女孩以及青年所发挥的重要作用，

为此，强调　需要在所有经济部门和全社会采取紧急和综合行动以实现转型变革，通过各级政府之间的一致政策，以及在国家层面实现相关公约和多边

* 包括：《生物多样性公约》缔约方大会第十五次会议、《卡塔赫纳生物安全议定书》缔约方第十次会议和《关于获取遗传资源和公正和公平分享其利用所产生惠益的名古屋议定书》缔约方第四次会议。

组织的协同增效，为自然和人类塑造一条未来之路，在这条路上，生物多样性得到保护和可持续利用，利用遗传资源所产生的惠益得到公平和公正的分享，成为可持续发展不可或缺的部分，

注意到 需要采取组合措施来遏制和扭转生物多样性丧失，包括采取行动解决土地和海洋利用变化，加强生态系统的保护和恢复、减缓气候变化、减少污染、控制外来入侵物种和防止过度开发，以及采取行动变革经济和金融体系，确保可持续生产和消费、减少浪费，认识到任何单一措施或这些措施的部分组合都是不够的，每项措施的效力都因另一项措施而增强，

注意到 诸多国家呼吁，到2030年通过采取连通性良好的保护地体系和其他有效的区域保护措施，以保护和养护30%的陆地和海洋面积，

重申 《关于将保护和可持续利用生物多样性纳入主流以促进福祉的坎昆宣言》和《关于为人类和地球投资生物多样性的沙姆沙伊赫宣言》，

回顾 2020年9月召开的主题为“采取生物多样性紧急行动，促进可持续发展”的联合国生物多样性峰会，

注意到 2020年联合国生物多样性大会的主题：“生态文明：共建地球生命共同体”，

我们宣告，使生物多样性走上恢复之路是本十年的一个决定性挑战，在联合国可持续发展行动十年、联合国生态系统恢复十年和联合国海洋科学促进可持续发展十年的背景下，需要强大的政治动力来制定、通过和实施一项兼具雄心和变革性的、能够平衡推进《生物多样性公约》三大目标的“2020年后全球生物多样性框架”，

我们承诺：

1. 确保制定、通过和实施一个有效的“2020年后全球生物多样性框架”，包括提供与《生物多样性公约》一致的必要的实施手段，以及适当的监测、报告和审查机制，以扭转当前生物多样性丧失趋势并确保最迟在2030年使生物多样性走上恢复之路，进而全面实现“人与自然和谐共生”的2050年愿景；

2. 视情支持制定、通过和实施有效的《卡塔赫纳生物安全议定书》2020年后执行计划和能力建设行动计划；

3. 各国政府继续合作推动将保护和可持续利用生物多样性纳入或“主流化”到决策之中，包括将生物多样性的多元价值纳入到政策、法规、规划进程、减贫战略和经济核算中，并加强生物多样性跨部门协调机制；

4. 加快并加强制定、更新国家生物多样性保护战略与行动计划，确保“2020年后全球生物多样性框架”在国家层面的有效实施；

5. 加强和建立有效的保护地体系，采取其他有效的区域保护措施和空间规划工具，提高区域保护与管理的有效性并在全球扩大保护范围，以保护物种和基因多样性，减少或消除对生物多样性的威胁，认识到土著人民和地方社区的权利并确保他们充分有效参与；

6. 加强生物多样性的可持续利用以满足人们的需求；

7. 积极完善全球环境法律框架，加强国家层面的环境法及其执法力度，以保护生物多样性并打击其非法利用，在采取行动保护生物多样性时尊重、保护和促进人权义务；

8. 加快努力，在考虑到遗传资源数字序列信息的背景下，通过《生物多样性公约》《名古屋议定书》和其他适当协议，确保公平公正地分享由利用遗传资源，包括与遗传资源相关传统知识所产生的惠益；

9. 视情加强相关生物技术的开发、评估、监管、管理和转让的措施及其实施，以提升惠益并减少风险，包括与使用和释放可能对环境产生不利影响的改性活生物体相关的风险；

10. 增加生态系统方法的运用，以解决生物多样性丧失、恢复退化生态系统、增强复原力、减缓和适应气候变化、支持可持续粮食生产、促进健康，并为应对其他挑战作出贡献，加强“一体化健康”和其他全面的方法，通过强有力的环境和社会保障措施，确保可持续发展在经济、社会和环境方面的效益，强调这些生态系统方法不能取代符合《巴黎协定》的紧急减少温室气体排放所需的优先行动*；

11. 加大行动力度，减少人类活动对海洋的负面影响，保护海洋和沿海生物多样性，增强海洋和沿海生态系统对气候变化的韧性；

12. 确保新冠肺炎疫情大流行后的恢复政策、规划和计划有助于生物多样性保护和可持续利用，促进可持续和包容性发展；

13. 与财政、经济和其他相关部门合作，改革激励机制，消除、逐步取消或改革对生物多样性有害的补贴和其他激励措施，同时保护弱势群体，从所有来源调动更多的财政资源，并协调所有资金流以支持生物多样性保护和可持续利用；

14. 增加为发展中国家提供实施“2020年后全球生物多样性框架”所需的资金、技术和能力建设支持，并与《生物多样性公约》的规定保持一致；

15. 使土著人民和地方社区、妇女、青年、民间团体、地方政府和机关、

* 根据科咨附属机构第23/2号建议第4段，“生态系统方法”也可被称为“基于自然的解决方案”。

学术界、商业和金融部门以及其他相关利益攸关方能够充分和有效地参与，并鼓励他们在“沙姆沙伊赫到昆明”人与自然行动议程的背景下作出自愿承诺，并继续为“2020 年后全球生物多样性框架”的实施营造势头；

16. 进一步开发关于生物多样性宣传、教育和公众意识的工具，以支持向保护和可持续利用生物多样性行为的转变；

17. 进一步加强与《联合国气候变化框架公约》《联合国防治荒漠化公约》和生物多样性相关公约等现有多边环境协定，以及和 2030 年可持续发展议程及相关国际和多边进程的合作与协调行动，以推动陆地、淡水和海洋生物多样性的保护、保育、可持续管理和恢复，同时，为其他与 2030 年可持续发展议程协同一致的可持续发展目标作出贡献。

[本宣言将提交联合国大会、2022 年可持续发展高级别政治论坛和第五届联合国环境大会第二阶段会议]

（来源：新华网）

项目3 保护生物多样性

知识目标

认识生物多样性的热点地区与关键区域。

技能目标

会进行生物多样性保护活动调查和进行简单的物种多样性保护方案设计。

素养目标

成为保护生物多样性和爱护大自然的倡导者和守护者。

任务 3-1 调查湖滨湿地生物多样性保护活动

任务描述

湖滨湿地作为陆地与湖泊水体之间的生态交错带，是湖泊生态系统的重要组成部分。湖滨湿地既是湖泊生物多样性最丰富的场所，也是湖泊自净作用的有效区域，同时也是控制污染入湖的最后一道屏障。通过湖滨湿地生物多样性保护活动的调查，认识生物多样性保护的途径，了解保护活动对生物多样性的实际影响。

知识准备

1. 生物多样性丧失给经济社会发展带来的影响

生物多样性既为人们提供了必要的生活物质、工业原料和天然药物，又在保护环境、维护生态安全，特别是净化空气、保证水质、改良土壤等方面发挥着关键作用，是人类赖以生存的条件和经济社会可持续发展的物质基础，关系到当代及子孙后代的福祉。千年生态系统评估认为，生物多样性的丧失会直接或间接地引起健康问题的不断恶化、带来更高的食品风险、放大日益增加的脆弱性以及导致更少的发展机会。

(1) 对人身财产安全的直接影响

生物多样性的丧失将会增加生态系统的脆弱性。生物多样性多个组分的丧失，特别是在景观水平的功能多样性和生态系统多样性的下降，将导致生态系统稳定性的下降。红树林和珊瑚礁都是生物多样性的丰富源泉，也是非常好的抵御洪水和暴风雨的自然缓冲物。红树林和珊瑚礁遭到破坏，会增加沿海地区洪水泛滥的严重性，对沿海地区居民的海产养殖和居所带来严重危害。人类对森林的过度采伐往往造成水土流失，是造成泥石流的重要原因之一。

(2) 对粮食安全的影响

生物多样性的丧失将使食物的多样性减少，使人类仅仅依赖几种主要的食物，从而打破人们均衡的饮食结构，影响人类健康。例如，传粉昆虫的丧失，会导致依赖昆虫授粉的作物产量下降，导致农业生产系统稳定性下降。一直以来，农作物的野生近缘种在农业生产中发挥了重要作用。20 世纪 70 年代，中国著名水稻育种专家袁隆平院士利用海南发现的野生稻不育株与栽培种杂交，成功地实现了水稻的杂交制种，为中国和世界粮食安全做出了卓越贡献。而如果当时野生稻已经消失，就无法创造出如此巨大的科技成果。

(3) 对医药产业的影响

中国有中药资源逾1.2万种，在世界上位居前列。珍稀药用资源往往具有自然分布范围小、再生能力差、生长周期长等特点。长期以来人们对野生药用资源的过度利用，导致不少野生药用资源的蕴藏量急剧减少，直至濒临灭绝。医药产业的发展需要建立在丰富的药用资源的基础上，如果没有了这些资源，医药产业就失去了发展的根基。尽管现在实验室研制的药品越来越多，目前全球仍有很多人使用这些药用资源治疗疾病。这些药用资源一旦灭绝将产生严重的后果。

(4) 对未来发展的影响

生物多样性的丧失，会减少当地居民的发展机会。生物多样性的丧失和生态系统的破坏，将可能导致原本旅游资源丰富的地区失去大量游客，当地居民会失去发展旅游业的机会。在一些情况下，生物多样性的丧失是不可逆转的，这种情况将会使我们的子孙后代失去发展的机会。

保护生物多样性是保障生态安全的必然要求，也是维护自然生产力、实现可持续发展的重要方面，具有双重意义。保护生物多样性对于当前中国加快经济发展方式转变、建设生态文明、实现可持续发展，进而实现中华民族伟大复兴的中国梦，具有重要意义。

中国已建立了大量的自然保护地，包括国家公园、自然保护区和自然公园等。2022年，全国共遴选出49个国家公园候选区(含三江源、大熊猫、东北虎豹、海南热带雨林和武夷山等5个正式设立的国家公园)，总面积约110万 km^2。拥有世界自然遗产14处、世界自然与文化遗产4处、世界地质公园41处。

2. 生物多样性热点地区与重要区域

(1) 世界生物多样性热点地区

英国生态学家诺曼·麦尔在1988年提出了生物多样性热点地区的概念。他认识到这些热点生态系统在很小的地域面积内包含了极其丰富的物种多样性。这个概念后来又被诺曼·麦尔和保护国际(Conservation Iinternational，CI)在2000年进一步发展和定义。生物多样性的热点地区(hotspot area)是指特有物种丰富且受威胁程度高的区域。现在评估热点地区的标准主要有两个方面：较高的特有物种的数量和所受威胁的严重程度。保护国际在全球确定了34+1个物种最丰富且受到威胁最大的生物多样性热点地区，这里的很多动植物都是这些地区所特有的，这些地区虽然只占地球陆地面积的3.4%，但是包含了超过60%的陆生物种。

保护国际发布的2011年报告显示全球受到威胁最大的森林生物多样性热点地区排名前十位的分别是：马达加斯加岛和印度洋岛屿、东阿弗罗蒙塔尼地区、中国西南山区、桑达兰地区、菲律宾、大西洋森林、印度-缅甸地区、新喀里多尼亚群岛、加州植物区以及非洲东部海岸森林。

①马达加斯加岛和印度洋岛屿。小嘴狐猴是马达加斯加岛和印度洋岛屿上分别进化出的特有物种种群的成员之一。在马达加斯加岛，生活着50多种狐猴。但是，贫困和人口的快速增长对当地环境造成了极大的威胁。

②东阿弗罗蒙塔尼地区。东阿弗罗蒙塔尼地区沿着非洲东部边缘延伸，从北方的沙特阿拉伯一直到南方的津巴布韦。地质运动不仅塑造了该地区的多山地形，还形成了世界上最特别的湖泊——纳特隆湖，纳特隆湖是东阿弗罗蒙塔尼热点地区的一部分，其中生活着至少617种本土鱼类。保护国际指出，对该地区构成最大威胁的包括农业种植、不断增长的“丛林肉”市场等。

③中国西南山区。该地区的大熊猫等物种数量正日益萎缩。保护国际最新报告指出，在中国西南山区，由于过度放牧、非法捕猎等原因，目前大约只有8%的森林仍然保持原始状态。

④桑达兰地区。桑达兰地区是东南亚的一个生物地理区，它包括了亚洲大陆上的马来半岛，以及婆罗洲、爪哇岛、苏门答腊岛及其周边的岛屿，共大约17 000个。在婆罗洲，猩猩们正在马来西亚沙巴州塞皮洛克避难所休息。

保护国际最新报告指出，如今桑达兰地区的原始森林只剩下了大约7%，大部分森林已被人类转变为种植园，用于生产橡胶等产品。此外，农业生产以及黑市野生动物交易已造成该地区一些特有植物和动物物种数量不断减少。

⑤菲律宾。菲律宾鹰是世界上第二大鹰，可见于菲律宾阿波山国家公园，菲律宾鹰是世界上第二大鹰，是菲律宾森林热点地区数种本土物种之一。保护国际最新报告指出，由于当地大约8000万人依赖天然资源，森林采伐和农业用地不断扩张，这一热点地区成为生物多样性受威胁最严重的地区之一。

⑥大西洋森林。波科达斯-安达斯自然保护区是大西洋森林生物多样性热点地区的一部分，大西洋森林热点地区包括了巴拉圭、阿根廷和乌拉圭等地区。由于受到甘蔗和咖啡种植业的影响，该地区的森林现在只剩下不到10%，这些仅存的森林是数十种珍稀动物的快乐家园。据介绍，大约有1万人口和许多工业生产依赖大西洋森林地区的淡水。

⑦印度-缅甸地区。根据保护国际2011年报告中的排名，印度-缅甸地区

成为世界上受威胁最严重的森林生物多样性热点地区之一。最新报告指出，该地区的每一个港口都至少拥有 1500 种本土植物物种，但这些物种的原始生长环境已失去了 90%以上。

据保护国际介绍，全球森林覆盖率虽然仅为 30%左右，但这些森林却是地球上 80%的陆地动物和植物的家园。保护国际国际政策总监奥利弗·朗格兰德认为，除了具备生物多样性外，森林还是人类生活必不可少的物质源泉，它们可以向人类提供木材、食物、保护、淡水等。朗格兰德在一份声明中表示："为了给牧业、农业、采矿业和城市发展让路，森林正在以惊人的速度被破坏。"

⑧新喀里多尼亚群岛。新喀里多尼亚群岛的面积与美国新泽西州相当，这些岛屿组成了世界上最小的森林生物多样性热点地区。新喀里多尼亚群岛位于南太平洋，距离澳大利亚东海岸大约 1200 km。该岛生长着五大本土植物种属，其中包括世界上唯一的寄生针叶树。镍矿开采业、森林砍伐和物种入侵是当地森林动物面临的三大威胁。

⑨加州植物区。地中海气候让这里成为美洲杉和加州秃鹰的理想家园。保护国际指出，该地区的威胁来自商业农场破坏加州大片的原野，以及城市扩张、污染、道路修建工程等。

⑩非洲东部海岸森林。坦桑尼亚桑给巴尔岛是非洲东部海岸森林热点地区的一部分。据保护国际介绍，目前只有不足 1500 只红疣猴仍然生存于仅存的几片小森林中。贫瘠的土壤以及农业开垦等导致了森林面积的大幅下滑。

(2)世界生物多样性重要区域

生物多样性重要区域(KBAs)是由保护国际倡导的生物多样性保护热点地区发展而来。KBAs 识别方法的发展起源于 1980 年提出的重点鸟区(important bird areas，IBAs)的识别方法，之后的 30 年里国际鸟盟组织一直致力于用该方法在全球开展 IBAs 的识别工作，为了使数据具有可比性，世界各地的保护组织广泛运用 IBAs 识别方法。后来这一方法从鸟类逐步扩展到其他类群，如重要植物区(important plant areas，IPAs)、重要淡水生物多样性区(important freshwater biodiversity areas，IFAs)、重要蝴蝶区(prime butterfly areas，PBAs)等。2004 年美国华盛顿哥伦比亚特区举办了一次专家讲习班，目的是开发一个可应用于交叉分类群的 KBAs 识别草案，并将这些过程和方法论全部纳入一个体系中；同年在泰国曼谷召开的世界自然保护大会上，IUCN 成员提出"要建立一个全球的协商机制，使各国在识别其生物多样性重要区域的方法上达成共识"。为响应这一倡议，IUCN 物种生存委员会(SSC)和 IUCN 世界保护区委员会(WCPA)共同设立了一个关于生物多样性及保护区的联合工作组。该联合工作组调动 IUCN 专家和工作人员，以及其他保护机构、学术界、政府、捐赠者和其他私人企业代表，共同参与制定 KBA 标准。

KBAs 概念从确定之初(2004 年)到正式成为全球标准(2016 年)期间，各类群专家开展了广泛的应用性研究。KBA 标准的目标之一就是协调现有的方法来确定生物多样性重要区域。围绕此目标，各国家和地区展开了次区域间 IBAs、IPAs 和 IFAs 的识别和划定工作，并且都取得了阶段性成果，目前有着 30 年基础的 IBAs 识别工作已经基本覆盖全球。全球有 36 个国家完成了大约 1700 个 IPAs 数据编目，其余 30 多个国家完成部分 IPAs 数据编目或正在进行，Darbyshire 等还更新发布了 IPAs 最新全球标准；IFAs 的识别工作也已覆盖 90 多个国家；2006—2012 年多分类群 KBAs 识别方法在全球获得广泛应用，2012 年年底已有 80 个国家完成了本土多分类群 KBAs 评估工作，73 个国家正在开展中；此外，海洋 KBAs 识别工作在部分海洋区域也已经完成或正在进行。

3. 中国生物多样性保护关键地区及保护重点

中国植物生态学家陈灵芝在 1993 年提出生物多样性关键地区的概念：生物多样性关键地区(critical area)是指地植被类型保存较好，生物种类丰富且特有种数量较多的地区。具体地讲，生物多样性地区不但生物种类多，而且数量多，与之相应的种的遗传基因也多，其特征种和濒危动植物也较多，具有科学上(单型种、寡型种、特有种、孑遗种、残存种)和经济上的重大价值。一般来说，作为一个生物多样性关键地区，至少应具备以下 3 个条件之一：①具有世界意义的物种丰富的区域；②物种种类丰富且特有种多的区域；③遗传资源丰富或濒危物种集中的区域。为了达到生物多样性就地保护的目的，必须根据上述条件在不同区域中确定关键地区，划出适当的地段建立保护区，进行有效的管理。

选择的标准可从以下方面考虑：①所在地是否包括不同的生境类型，生态系统是否多种多样，保护是否完整；②所在地是否已经遭到破坏，破坏的程度是否已经影响到原有物种和生态系统的恢复；③所在地是否具有丰富的经济物种，如丰富的遗传资源和有潜在价值的种类。

我国生物多样性保护关键地区，根据其重要性及地理位置，可划分为具有国际意义的陆地生物多样性关键地区 14 个，具有全国性意义的陆地生物多样性关键地区 5 个，湿地和淡水水域生物多样性关键地区 5 个，海岸和海洋生物多样性关键地区 11 个(表 3-1)。

表 3-1　生物多样性关键地区

类别	地名
具有国际意义的陆地生物多样性关键地区	吉林长白山地区
	冀北山地地区
	陕西秦岭大白山地区
	川西高山峡谷地区
	滇西高山峡谷地区
	湘黔川鄂边境山地地区
	粤桂湘赣南岭山地地区
	浙闽山地地区
	台湾中央山脉地区
	西藏东南部山地地区
	云南西双版纳地区
	桂西南石灰岩地区
	海南岛中南部山地地区
	青海可可西里地区
具有全国性意义的陆地生物多样性关键地区	黑龙江内蒙古交界大兴安岭山地地区
	内蒙古锡林郭勒地区
	新疆阿尔泰山地区
	新疆伊犁天山地区
	甘南东祁连山地区
湿地和淡水水域生物多样性关键地区	东北穆棱三江平原湿地区域
	两湖平原湿地区域
	贵州威宁草海地区
	云南洱海区域
	川西北若尔盖湿地区域
海岸和海洋生物多样性关键地区	海南南沙群岛侮区
	海南西沙群岛海区
	海南东南海岸珊瑚礁海区
	海南文昌清澜港红树林区域
	广西合浦山口沙田半岛海区
	广东珠江口南海侮岸和海洋区域
	浙江平阳南麓列岛海区
	江苏盐城沿海海区
	山东青岛沿海海区
	山东庙岛群岛海区
	辽宁蛇岛老铁山海区

(1)具有国际意义的陆地生物多样性关键地区

①吉林长白山地区。本区域位于中国东北部(40°40′~44°30′N，125°20′~131°21′E)，海拔300~1000 m，也有海拔1200~1300 m的山峰，最高峰为白云峰海拔为2691 m，其中著名的火山湖泊天池，其出水口为松花江源头。山体主要由花岗岩、玄武岩和一些变质岩构成。

该区域森林植被保存完好，覆盖率60%以上植被类型多样，垂直分布明显。海拔500 m以下的丘陵低山和河谷两侧主要为落叶阔叶林，种类组成较多；山坡中部、上部较干燥，主要为蒙古栎林，混杂少量其他落叶阔叶树。海拔500~1000 m的丘陵山地为红松阔叶混交林的分布范围；海拔1100~1800 m主要为亚高山针叶林，多由本地特有的云杉和冷杉组成；海拔1800~2100 m出现由岳杉组成的亚高山矮曲林带；海拔2100 m以上出现中国唯一的高山冻原，其外貌与极地非常相似。除上述垂直带植被外，在一些平坦低洼地区还有大片草甸和沼泽分布。

本区有高等植物2000余种。从植物区系上看，与毗邻的俄罗斯远东和滨海地区以及朝鲜半岛北部同属于一个植物区系省，即“长白植物区系省”。本区正处于这个区系省中心部分，特有种较多，人参和红松是最有代表性的种类，还有不少第三纪孑遗种和典型的南方种类。同时，还有一些南鄂霍次克植物区系成分与极地植物区系成分，主要见于海拔1100 m以上地带。动物种类也很丰富，兽类近70种，鸟类近300种，爬行类15种，两栖类10种，重点保护动物有东北虎、金钱豹、梅花鹿、棕熊、黑熊、水獭、紫貂、猞猁、马鹿、原麝、斑羚、白鹳、黑鹳、白扇雕、丹顶鹤、苍鹰和秃鹰等。从资源角度看，本区物种在食用、药用、工农业原料、饲养及观赏等方面均具有较大的经济和社会效益。但由于长期过分采伐、采牧和狩猎，该区生态系统和生物多样性遭到严重破坏，不少物种已陷入濒危甚至灭绝的境地。

②冀北山地地区。本区位于河北省北部和西部的丘陵山地，向东延伸至辽宁西部丘陵，包括太行山脉、燕山山脉，在河北境内的部分以及北端小五台山、北京的百花山、东灵山和雾陵山等，地形在东北及东部大致是北高南低，在西部一般是北高东南低，在西南部即为西高东低。小五台山为境内最高山地，海拔2882 m，其他山岭多在海拔2000 m以下。植物区系以东亚植物区系的华北成分为主，但在高山地区有较多的欧洲-西伯利亚成分，在山间盆地部分由于气候、土壤和人为因素影响，有较多的草原成分出现。本区内高等植物1000多种。地带性植被类型为落叶阔叶林，辽东砾、蒙古砾和槲砾占重要地位；山谷湿润区以色木、元宝槭、茶条槭、蒙槭、糠槭、黄榆等较多，槭分布

上限可达海拔 1600 m。海拔 1600~2100 m 出现亚高山针叶林，以青杄、白杄、华北落叶松、雾灵落叶松为主，遭受破坏后即有山杨(*Populus davidiana*)、白桦(*Betula platyphylla*)林的分布，由于长期的开发，森林已残存无几，仅在东灵山和雾陵山还有小片的分布，通过封山育林仍有恢复的可能。动物种类和黄渤海区域类似，但许多物种已经绝迹或极为稀少，亟须加强保护。目前尚有分布的多为适应力较强的物种，如狍是最能适应次生林和灌丛的一种有蹄类动物，刺猬在田野环境中普遍栖息。与长白山地区不同的是有一些南方种类的分布，如岩松鼠、隐纹花松鼠等。残留的猕猴是分布最北的种群，褐马鸡在太行山也有分布。鉴于本区为东亚暖温带的典型区域，特别是有小片森林的存在，故有加强保护促进恢复和发展的必要。

③陕西秦岭太白山地区。秦岭是中国中部一条横贯东西的巨型山脉，是南方和北方自然地理条件的天然分界线。太白山地区属秦岭的东段西端与青藏高原相邻接(33°40′~34°10′N，107°19′~107°58′E)，东西长 61 km，南北宽 39 km，总面积 2739 km^2。太白山是秦岭的主峰，海拔 3676 m，是渭河水系和汉江水系分水岭的最高地段。在水平方向上可看出从暖温带向北亚热带的过渡。在垂直方向上有明显的植被垂直分布。从北坡的渭河谷地和南坡的汉江谷地到太白山顶峰都有平原丘陵、低山、中山和高山等一系列地貌类型，界线分明。海拔 500~3676 m，主要由花岗岩、片麻岩、片岩和千枚岩等组成。北坡海拔 800~1300 m 的石质山地有大片黄土覆盖，一直到海拔 1800 m 仍有零星小片的出现。高山地区由第四纪冰川活动所雕琢的各种地貌形态至今仍保持完整，清晰可辨。

太白山地区的气候南北两坡迥然不同，随着海拔升高变化也大。北坡的地带性植被类型为落叶阔叶林，可分布到海拔 2300 m，但种类组成有明显差异。一般海拔 1500 m 以下的主要建群种为栓皮栎(*Quercus variabilis*)，间有少量麻栎(*Quercus acutissima*)、槲树(*Quercus dentata*)、槲栎(*Quercus aliena*)和锐齿槲(*Quercus aliena* var. *acuteserrata*)等，山谷湿润处出现有小片由不同种类组成的典型落叶阔叶林。海拔 1500~1800 m 即以锐齿槲栎林为主。山谷湿润处的林分由另外一些落叶阔叶树种所组成。海拔 1800~2300 m 为辽东栎(*Quercus liaotungensis*)林所占，混杂不少华山松(*Pinus armandii*)。海拔 2300~2600 m 有一狭窄带状的针阔混交林出现，主要种类为巴山冷杉(*Abies fargesii*)、红桦(*Betula albosinensis*)和牛皮桦(*Betula albosinensis* var. *septentrionalis*)。海拔 2600~3350 m 为亚高山针叶林分布的范围，下部为巴山冷杉林，上部为太白红杉(*Larix chinensis*)林。海拔 3350 m 以上已无森林的分布，主要为高山灌丛和草甸。密枝杜鹃(*Rhododendron fastigiatum*)、怀腺柳(*Salix cupularis*)、禾叶蒿草(*Kobresia graminifolia*)、圆穗蓼(*Polygonum sphaerostachyum*)、发草(*Deschampsis cespitosa*)占有重要地位。南坡在海拔 1500 m 以上植被分带与北坡基本一致，只是相同植被带的上界稍有上移。海拔 1500 m 以下的地带性植被为落叶常绿阔叶混交林，与北坡的情况明显不同。该区域正好位于东亚植物区系区中国-日本和中国-喜马拉雅两大植物区系省的分界线上，北坡以华北植物区系成分为主，南坡由华北和华中植物区系共占优势，高山地带显示出唐古拉植物区系特色。无论哪个范围都杂有喜马拉雅植物区系成分，具明显反映的是上述不同植物区系成分交汇之地。该区已知高等植物有近 2000 种，特有种 150 多种。

本区动物资源丰富，昆虫种类仅定名有 500 多种，它们的垂直分布也明显与植被密切相关。从区系成分的分析也显示，其是古北界和东洋界两大动物区系成分的过渡和交汇之地。大熊猫和金丝猴也常在南坡的一些地方活动。从资源的角度来看这里历来是材用、药用和食用物种的开发基地。杨树遗传资源有很大的潜在价值。该区面临的最大的威胁是森林采伐、过量的采药和狩猎。近年来，旅游者不断增加，也构成了一个严重的威胁因素。

④川西高山峡谷地区。本区位于邛崃山脉的东坡(30°40′~31°30′N，102°30′~103°30′E)，东西横贯逾 60 km^2、西北跨越逾 60 km^2、总面积 4000 km^2以上。生物多样性最为丰富的区域为岷江上游，以保护大熊猫为首要任务而闻名的卧龙保护区及其周围山地。该区域正处在四川盆地向青藏高原过渡的高山峡谷地带，地势由西北向东南急剧下降。东边最低的地方为木江坪，海拔 1200 m，西北边缘的四姑娘山最高海拔 6250 m，为四川省第 2 高峰。两地的水平距离仅 50 km 左右，但海拔高度相差达 5000 m。保护区外围东南边缘河谷海拔 600 m，山体主要由千枚岩、石英岩、花岗岩、石灰岩及含碳酸盐的片岩和板岩组成。强烈的构造运动和外力的切割，形成了众多的“V”字形山谷和梳齿状峰林状地貌，溪流很多。该区属青藏高原气候区，由于北、西、南三面环山，形成半封闭地形，冬季阻挡了南下的寒流，夏季的东南季风从东部进入而停留带来了丰富的雨水。

本区植被垂直分布非常明显。海拔 1600 m 以下主要为常绿阔叶林所占，但种类组成差异较大。海拔 1000 m 以下以栲树(*Castanopsis fargesii*)、瓦山栲(*Castanopsis ceratacantha*)、箭杆石栎(*Lithocarpus viridis*)、粗穗石栎(*Lithocarpus spicata*)等为多，还有许多樟科植物分布。海拔 1000~1600 m 以青岗栎(*Cyclobalanopsis glauca*)、蛮青岗(*Cyclobalanopsis oxyodon*)和包石

栎(*Lithocarpus cleistocarpus*)为主。海拔1600~2200 m的山地，其落叶阔叶树的种类和数量逐渐增加，形成特殊的山地常绿落叶阔叶混交林，这个海拔的落叶阔叶树有许多特有种类，如天师栗(*Aesculus wilsonii*)、珙桐(*Davidia involucrata*)、水青树(*Tetracentron sinense*)和连香树(*Cercidiphyllum japonicum* var. *sinense*)等。海拔2000~2600 m山地以针叶树种为主，如铁杉(*Tsuga chinensis*)、云南铁杉(*T. dumosa*)和油麦吊杉(*Picea brachytyla* var. *complanata*)等成片生长，混生一些耐寒的落叶阔叶树，如红糙桦(*Betula utilis* var. *sinensis*)、多种槭树(*Acer* spp.)等，构成独特的山地针阔叶混交林。海拔2600~3600 m山地，年平均气温骤然下降到只有3~6 ℃，形成了亚高山针叶林带，阴坡亚高山针叶林占据了绝对优势地位，岷江冷杉(*Abies faxoniana*)林面积最大。阳坡有大片古地中海残遗的硬叶常绿阔叶林的分布，主要建群种为川滇高山栎(*Quercus aquifoliodes*)。海拔3600~4600 m主要以高山灌丛和草甸为主，紫丁杜鹃(*Rhododendron violaceum*)和矮生嵩草(*kobresia humilis*)是其主要种类。海拔4600~5200 m，最热月7月的平均温度都在-3 ℃以下，呈现高山冰缘稀疏植被外貌。海拔5200 m以上的高山为冰雪带，发育为现代冰川，在西南部局部地区有干旱河谷灌丛的分布。

本区受第四纪冰川影响较小，形成了动植物的避难所，又由于高山深谷，谷向南北，是物种交换的走廊。据不完全统计，高等植物有4000多种，是东亚湿润亚热带植物区系密集分布的区域。中国亚热带特有成分很多，中国-日本和中国-喜马拉雅成分也不少，还有一些地中海成分的分布。河谷和高山分别出现一些热带和北温带的种类。该区是大熊猫最理想的栖息地，约占全国总数10%的大熊猫集中在这里。已知有兽类96种，鸟类近300种，两栖类15种，昆虫1700多种，还有许多未鉴定的标本。区系组成复杂，既有猕猴、云豹、水鹿、灵猫、果子狸等喜温湿的动物，也有白唇鹿、牛羚、猞猁、岩羊、藏雪鸡等耐寒的高原和北方动物。本区是中国第2大林区的一部分，动植物资源都十分丰富。过分的采伐、采药和狩猎已威胁到整个林区的安全。

⑤滇西高山峡谷地区。本区域位于云南西部怒江两岸山地，涵盖泸水、福贡、碧江、腾冲4县。南北延伸280 km^2，东西宽30~50 km^2(24°56′~28°24′N，98°34′~99°2′E)，总面积近10 000 km^2。本区处于滇西北横断山脉峡谷最西部，西有高黎贡山，东有碧罗雪山，怒江峡谷镶嵌其间。这两列山地的顶部海拔一般在3500 m左右，一些突出的山峰海拔4000~4500 m，最高峰海拔5128 m。从高黎贡山山脊到怒山山脊之间的直线距离仅25~40 km，地势起伏十分剧烈。

山体主要由花岗岩以及片岩、片麻岩、板岩和千枚岩等的变质岩系组成。气候属印度洋西南季风区，主要受来自印度洋的西南季风暖湿气团控制。夏秋降水量大，雨日多，气候温暖湿润。冬春受来自热带大陆的南支西风急流的干燥气团控制，降雨少，蒸发强烈，气候温暖干燥，这就形成了年温差较小、四季不明显、干湿季分明的特点，与东部同纬度地区明显不同。从南到北随着纬度增加，地形抬高，温度逐渐降低。东坡背风面温度较西坡高，河谷地带产生焚风现象，气候干热。

常绿阔叶林是这个区域的地带性植被，主要见于海拔1100~2800 m区域，种类因地而异。海拔1800 m以下以思茅栲(*Castanopsis ferox*)、腾冲栲(*Castanopsis wattii*)、刺栲(*Castanopsis hystrix*)和元江栲(*Castanopsis orthacantha*)为多，也混杂有多种石栎(*Lithocarpus* spp.)。海拔1800~2800 m以滇青冈(*Cyclobalanopsis glaucoides*)、高山栲(*Castanopsis delavayi*)、蛮青冈(*Cyclobalanopsis oxyodon*)和薄片青冈(*Cyclobalanopsis lamellosa*)等为多，另一些耐寒的石栎混生其中。局部地方有小片秃杉(*Taiwania flousiana*)林、乔松(*Pinus griffithii*)林和大片云南松(*Pinus yunnanensis*)林的分布。海拔2800~3800 m山地出现亚高山针叶林，虽然其中也混杂一些落叶阔叶树的分布，但未见有针阔混交林带的出现，或许这与大气湿度不够有关，这与横断山北段川西高山峡谷的情况迥然不同。一般下部湿润处多为云南铁杉(*Tsuga dumosa*)林，干燥处为垂枝香柏(*Sabina pingii*)林。上部以长苞冷杉(*Abies georgei*)林、苍山冷杉(*Abies delavayi*)林为主，局部地方有怒江冷杉(*Abies nukiangensis*)林、中甸冷杉(*Abies ferreana*)林和怒江落叶松(*Larix speciosa*)林的分布。海拔3800~4500 m山地为高山灌丛和草甸，前者多见于山坡上，建群种为多种多样的杜鹃，如桃花杜鹃(*Rhododendron neriiflorum*)、宽钟杜鹃(*Rhododendron beesianum*)等，后者多见于地势平缓水分充足的地方。海拔1100 m以下为局部干热河谷地带，有小片稀树草原分布。

本区是古北极和古热带植物成分过渡交汇之地，植物种类丰富。据不完全统计，高等植物有2000多种，以古北极东亚植物区系的中国-喜马拉雅植物区系省成分为多，而且是其发源地；它与东部同纬度地区的中国-日本植物区系省成分有一系列属种的替代现象；中国亚热带特有种也不少，许多还是群落中的建群种和优势种。本区还是中国植物模式标本最集中的产地之一。动物在区系上属印缅区系和中南区系的交替带，兽类100种以上，鸟类近300种，被誉为“哺乳动物祖先分化的发源地”“世界雉鹛类的乐园”“南北动物的走廊”和“第四纪冰川活动时期原生动物的避难所”。本区分布有如羚牛、滇金丝猴、赤斑羚、斑羚、小熊猫、戴帽叶猴、黑麝、宽额牛、白眉长臂猿和野牛等都是特别珍贵的。值得指出的是，本区有很多具有引种栽培价值的珍贵速生材用树种及药用植物；名贵花卉植物如杜鹃花、兰花和山茶花等闻名世界；野生动物资源利用的潜力很大。本区已建有高黎贡山和怒江两个保护区，森林保存较好，有效管理是今后努力的目标。

⑥湘黔川部边境山地地区。本区域著名的山系有武陵山、梵净山、雪峰山、巫山和齐岳山等，大多为东北—西南走向的山地。该区位于27°30′~31°30′N，107°10′~110°30′E。海拔500~1000 m，较高的山峰在海拔1000~1500 m，最高峰可达海拔2000 m以上。山体主要由变质砂页岩、板岩、千枚岩等组成，局部地方也有石灰岩的分布。气候为贵州高原和江南丘陵的过渡类型。虽然大面积的丘陵地区天然森林已被砍伐，但某些山地仍保存有一定面积的原生性森林。一般海拔1000 m以下的山地地带性植被类型为常绿阔叶林，主要建群种有栲树(*Castanopsis fargesii*)、甜槠(*Castanopsis eyrei*)、米槠(*Castanopsis carlesii*)、钩栗(*Castanopsis tibetana*)和小叶青冈(*Cyclobalanopsis myrsinaefoiia*)等，混生部分樟科植物。海拔1000~1900 m的山地落叶阔叶树不断增加，形成独特的山地常绿落叶阔叶混交林，其中多脉青冈(*Cyclobalanopsis multinervis*)、蛮青冈(*Cyclobalanopsis oxyodon*)、峨眉栲(*Castanopsis platyacantha*)、亮叶水青冈(*Fagus lucida*)、长柄水青冈(*Fagus longipetiolata*)、檫木(*Pseudosassafras tzumu*)是最有代表性的种类。由于海拔高度不够，没有形成明显的山地针阔混交林和亚高山针叶林带，但局部地方有小片的铁杉(*Tsuga chinensis*)阔叶树混交林和冷杉林的出现，如梵净山冷杉(*Abies fanjingshanensis*)林等。石灰岩地区有小片常绿落叶阔叶林的分布，主要建群种为青冈栎(*Cyclobalanopsis glauca*)、青檀(*Pteroceltis tatarinowii*)、光叶榉(*Zelkova serrata*)和黄连木(*Pistacia chinensis*)等。

本区是东亚亚热带植物区系华中区系成分分布的核心地段，据不完全统计，高等植物有2500种以上，特有种类很多。由于受第四纪冰川的影响不大，本区保留的古老残遗种不少，水杉就残存在这个区域，银杉也有分布。本区动物种类也很多，已知兽类70多种，鸟类170多种，两栖类30多种，爬行类40多种，区系组成复杂，充分显示出其处于东洋界与古北界过渡地带的特性。黔金丝猴和华南虎是该区的代表物种。

⑦粤桂湘赣南岭山地地区。南岭山地是长江流域和珠江流域的分水岭，绵延断续的越城、都庞、萌渚、骑田、大庚五岭山脉由东北向西南横断粤、湘、桂、赣接壤地带，是一个比较完整的自然地理单元，位于24°~27°N，110~

115°E，总面积有 137 000 km^2，生物多样性集中分布的区域有30 000 km^2。所在地多为丘陵山地，海拔分别在 200～500 m 和 500～1500 m，不少山峰可达 1800～2000 m，最高峰越城岭海拔 2141. 5 m。大多由花岗岩、变质岩和砂页岩组成，局部地方有较大面积的石灰岩山地出现。气候主要受太平洋季风控制，属于东亚独特的湿润亚热带气候特色。南岭山地在气候上成为华南阻挡北来寒潮的重要屏障，南北气温差异较大，为华中与华南的过渡地带。地带性植被为常绿阔叶林，主要见于海拔 1300 m 以下。不同海拔范围树种组成明显不同。海拔 500m 以下以刺栲（*Castanopsis hystrix*）、毛栲（*Castanopsis fordii*）、闽粤栲（*Castanopsis fissa*）、阿丁枫（*Altingia chinensis*）和黄果厚壳桂（*Cryptocarya concinna*）居多，还混生有不少热带性树种。海拔 500～700 m 以栲树（*Castanopsis fargesii*）、荷木（*Schima superba*）、甜槠（*Castanopsis eyrei*）、罗浮栲（*Castanopsis fabri*）、银荷木（*Schima argentea*）占优势。海拔 1300～1800 m 气温明显降低，落叶阔叶树增多，构成独特的山地常绿落叶阔叶混交林，其中占优势的常绿阔叶树为铁椎栲（*Castanopsis lamontii*）、甜槠变种（*Castanopsis eyrei* var. *caudata*）、多脉青冈（*Cyclobalanopsis multinervis*）、亮叶栎（*Cyclobalanopsis nubium*）和包石栎（*Lithocarpus cleistocarpus*）等；落叶阔叶树以亮叶水青冈（*Fagus lucida*）、长柄水青冈（*Fagus longipetiolata*）、缺萼枫香（*Liquidambar acalycina*）、华南桦（*Betula austrosinensis*）、裂叶白辛树（*Pterostyrax leveillei*）和华槭（*Acer sinense*）居多。由于海拔高度不足，未见针阔混交林和亚高山针叶林带，但局部地方有小片针阔混交林和亚高山针叶林的分布，主要针叶树种有铁杉（*Tsuga chinensis*）、长苞铁杉（*Tsuga longibracteata*）、铁杉（*Tsuga chinensis*）和资源冷杉（*Abies ziyuanensis*）；阔叶树有黔稠（*Cyclobalanopsis stewardiana*）、亮叶水青冈和南桦等。

石灰岩山地大多在海拔 1000 m 以下，由其独特的常绿落叶阔叶混交林所占，常绿阔叶树以青冈栎（*Cyclobalanopsis glauca*）、岩樟（*Cinnamomum saxatile*）为多；落叶阔叶树以青檀（*Pteroceltis tatarinowii*）、朴树（*Celtis sinensis*）、榔琊榆（*Ulmus chenmoui*）、化香（*Platycarya strobilacea*）为主。

南岭山地地处东部中亚热带南缘，植物种类丰富。据不完全统计，高等植物余 3000 种，主要为东亚湿润亚热带的区系成分。大量的种为中国亚热带所特有，属华中–华东和华南植物区系交汇之地。处于西部中亚热带范围的滇西高原有许多替代的种属，中国–日本植物区系省成分也不少。26°N 以南海拔较低的谷地，也有不少热带成分的渗入。北温带成分在海拔较高的山地也占一定的比重。本区在历史上遭受的冰川破坏不大，一直处于比较稳定的温暖湿润气候条件下，因而得以保存着第三纪就已基本形成的植被类型和大批较古老的种属资源，如银杉(*Cathaya argyrophylla*)、穗花杉(*Amentotaxus argotaenia*)、福建柏(*Forkienia hodginsii*)、篦子三尖杉(*Cephalotaxus oliveri*)、鹅掌楸(*Liriodendron chinense*)等都是古老的孑遗植物，可以说是古老孑遗种的中心发源地之一。

本区的动物调查研究还不够充分，但已知兽类有近100种，鸟类近200种，两栖类30多种，爬行类20多种，昆虫1500多种。动物区系以东洋界亚热带成分为主。本区生物资源在经济建设和人民生活方面占有重要地位，在食用、药用和工农业原料领域中都占有很大的比重，有利于野生植物的引种栽培和野生动物的驯养。

⑧浙闽山地地区。本区域位于27°~30°N，116°30′~122°31′E，包括浙江的大部、闽北和赣东的一角。区内有一系列与海岸大致平行的山地，南支由浙闽边境的洞宫山脉延伸到雁荡山和括苍山，另一支则从闽赣交界处武夷山延伸至浙江的仙霞岭和天台山。地形从西南向东北地势逐渐降低，西南部山地海拔1000 m左右，超出海拔1800 m的山峰常见，如龙泉拔云尖海拔2000 m、百山祖海拔1908 m、黄茅海拔1972 m、武夷山海拔2158 m。东北部丘陵海拔500 m左右，气候深受其复杂的地形和距海远近的影响，各地变化很大。地带性植被类型为常绿阔叶林，主要见于海拔1200 m以下，建群种多为甜槠(*Castanopsis eyrei*)、米槠(*C. carlesii*)、青冈栎(*Cyclobalanopsis glauca*)和红润楠(*Machilus thunbergii*)等。海拔1200m以上山地出现常绿落叶阔叶混交林，主要成分有多脉青冈(*Cyclobalanopsis multinervis*)、光叶石栎(*Lithocarpus hancei*)、亮叶水青冈(*Fagus lucida*)、长柄水青冈(*Fagus longipetiolata*)等。由于山地海拔高度不够，没有针阔混交林和亚高山针叶林带的出现，但局部地方也有小片铁杉(*Tsuga chinensis*)和长苞铁杉(*Tsuga longibracteata*)与阔叶树混交的林分。浙江百花山主峰海拔1990 m左右，该地区数量极少仅几株的百山祖冷杉(*Abies beshanzuensis*)是受到最严重威胁的濒危种。

本区是目前华东地区森林保存较好、面积最大的区域。高等植物超过2000种，是华东植物区系成分集中分布的地区。中国亚热带特有种占有很大的比重，中国-日本植物区系省成分也不少，南部也有少量热带成分的渗入。动物的数量不多，但种类不少，已知兽类有50种左右，鸟类100多种，两栖类30多种，爬行类40多种，昆虫1500种以上，有许多种类尚难鉴定，多数是亚热带成分。本区的生物资源虽然丰富但因过分的开发已呈现普遍的资源枯竭现象，加强保护和实行可持续利用的方针是当务之急。

⑨台湾中央山脉地区。本区北自大雪山起至南部大武山及其周围地带

(22°30′~24°30′N，120°40′~121°30′E)，北回归线在其中间通过。包括中亚热带和南亚热带区域，全区地势由北向南逐渐降低，中央山脉的山峰海拔多在3000 m以上，玉山主峰最高，海拔3952 m，是中国东部海拔最高的山地。玉山山脉以西部的阿里山脉稍低，海拔1000~2000 m，南部和西南部为丘陵台地和冲积平原，海拔从300 m一直至海平面。丘陵山地主要由砂页岩和粘板岩等构成。本区具有海洋性气候特点，温度高、雨量多，地带性植被为常绿阔叶林。南部海拔500 m以下以青钩栲(*Castanopsis kawakamii*)、台湾栲(*Castanopsis formosana*)、星刺栲(*Castanopsis stellatospina*)、广东琼楠(*Beilschmiedia tsangii*)为多。海拔500~2000 m与北部海拔1300 m以下的种类类似，以米槠(*Castanopsis carlesii*)、三果石栎(*Lithocarpus ternaticupulus*)为主。海拔1300~2000 m山地以长果青冈(*Cyclobalanopsis longinux*)、沉水樟(*Cinnamomum micranthum*)和台楠(*Phoebe formosana*)等为多。海拔2000~3000 m的山地出现常绿落叶阔叶混交林，主要建群种为台湾青冈(*Cyclobalanopsis morii*)和多种槭树(*Acer* spp.)。大雪山一带雨量多、环境特别潮湿，台湾水青冈(*Fagus hayatae*)广泛分布。这个范围有些地方有大片台湾松(*Pinus taiwanensis*)林分布，也有个别华山松(*Pinus armandii*)出现，这种情况在大陆是极少见的，它们一东一西各自占据自己的地盘。海拔3000~3600 m为亚高山针叶林，主要建群种为台湾云杉(*Picea morrisonicolai*)、台湾冷杉(*Abies kawakamii*)、玉山桧(*Juniperus morrisonicola*)和台湾花柏(*Chamaecyparis formosana*)等。海拔3600 m以上即为高山杜鹃灌丛和草甸，所在地范围不大但植被垂直分布明显。

该区植物种类繁多，仅高等植物即达4000种以上，主要为东亚湿润亚热带成分。中国亚热带特有和中国-日本成分为多，台湾特有种也占一定的比重。南部地区热带成分占有明显的优势，多属泛热带和中国热带特有种类。动物种类已知兽类有61种，鸟类400多种，爬行类92种，两栖类30种，淡水鱼类140种，昆虫50 000多种，还有不少未鉴定的种类。台湾黑熊、台湾猕猴、台湾云豹、台湾鼹鼠、水鹿、山麂、台湾蓝鹊和台北树蛙等都为台湾明星物种。

⑩西藏东南部山地地区。本区包括察隅、墨脱、西巴霞、库尔等地。境内多高山深谷，山峰自东向西增高，常在海拔5000 m左右。东端的南迦巴瓦峰海拔7756 m，屹立在雅鲁藏布江边。印度洋的温暖气流从孟加拉湾楔入后，首先受阻于这个山弧地区，给这里带来丰富的降雨。在平原低山地区年平均温度20 ℃以上，年降水量2000 mm以上。海拔1000~1100 m以下有雨林分布，主要种类有羯布罗香(*Dipterocarpus turbinatus*)、长毛羯布罗香(*Dipterocarpus pi-*

losus)、翅果龙脑香(*Dipterocarpus alatus*)、阿萨姆婆罗双(*Shorea assamica*)、四数木(*Tetrameles nudiflora*)、印度第伦桃(*Dillenia indica*)、八宝树(*Duabanga grandiflora*)等。海拔 1000(1100)~2400 m 为山地常绿阔叶林，刺栲(*Castanopsis hystrix*)、印栲(*Castanopsis indica*)、红荷木(*Schima wallichii*)、青冈栎(*Cyclobalanopsis glauca*)、曼青冈(*Cyclobalanopsis oxyodon*)占有重要的地位。海拔 2400~3200(3600) m 为山地针阔混交林，阴坡主要由云南铁杉(*Tsuga dumosa*)、曼青冈和凸尖杜鹃(*Rhododendron sinogrande*)占优势；阳坡混生成片的川滇高山栎(*Quercus aquifolioides*)。至海拔 3200(3600)~4200(4500) m 即为亚高山针叶林所代替，急尖长苞冷杉(*Abies georgei* var. *smithii*)、川西云杉(*Picea likiangensis* var. *balfouriana*)、苍山冷杉(*Abies delavayi*)、墨脱冷杉(*Abies delavayi* var. *motuonensis*)、喜马拉雅冷杉(*Abies spectabilis*)、大果红杉(*Larix potaninii* var. *macrocarpa*)、怒江红松(*Larix speciosa*)和大果圆柏(*Sabina tibetica*)等都是常见的建群种。海拔 4200(4500)~4800 m 山地出现高山灌丛和草甸，雪层杜鹃(*Rhododendron nivale*)、藏匐柳(*Salix faxonianoides*)、小蒿草(*Kobresia pygmaea*)是主要的建群种。再往上植物逐渐稀少即所谓高山冰缘稀疏植被带。雪线通常阳坡为海拔 4800 m，阴坡为海拔 5300 m。

本区是中国植物区系较为丰富的地区之一，高等植物达 4000 种以上。印度-马来西亚成分，中国-喜马拉雅成分和北温带成分都占有重要地位，充分体现了生境的多种多样。

⑪云南西双版纳地区。西双版纳位于云南南部，与缅甸和老挝接壤。面积 19 690 km^2，位于 21°9′~22°36′N，99°58′~101°50′E。境内地势起伏较大，地貌结构以山原为主，其中有不少宽谷盆地，外围又分布着呈环状的丘陵山地。海拔 500~1000 m，一些山峰达 1300~1500 m，最高峰桦竹梁子海拔 2429 m。主要由变质岩、千枚岩、红色砂页岩和花岗岩等所构成。该区总体中间低四周高，南部有许多缺口，使西南季风得以向内部渗入，而两侧高起的山地和逐渐升高的地势，又使湿气抬升，并凝结形成丰沛的降水和较高的气温，使处于 21°N 以北的范围呈现热带性气候。一般说，冬半年 11 月至翌年 3 月为副热带南支西风环流所控制，气候干燥，太阳辐射量大，日温差大；夏半年 4~10 月受来自孟加拉湾海面的印度洋季风控制，北部湾的暖温气流对东部也有一定的影响。本区地处亚洲热带北缘，温度及雨量均不及典型热带区域。海拔 800 m 以下的地带性植被类型为季节性雨林，像其他热带区域一样，种类组成十分复杂，群落中优势种不明显。主要建群种有千果榄仁(*Terminalia myriocarpa*)、番龙眼(*Pometia tomentosa*)、金刀木(*Barringtonia pendula*)、肋巴木(*Epiprinus siletianus*）、老挝天料木（*Homalium laoticum*）、大果人面子（*Dracontomelon macrocarpum*）、滇南风吹楠（*Horsfieldia tetrapetala*）、云南肉豆蔻（*Myristica yunnanensis*）和大叶红光树（*Knema linifolia*）等。局部沟谷有小片以龙脑香科的望天树（*Parashorea chinensis*）、版纳青梅（*Vatica xishuangbannaensis*）和羯布罗香（*Dipterocarpus turbinatus*）为标志的季节性雨林分布。石灰岩地区所形成的季节性雨林，种类组成全然不同。主要建群种为四数木（*Tetrameles timorensis*）、假玉桂（*Celtis timorensis*）、油朴（*Celtis wightii*）、多花白头树（*Garuga floribunda*）、羽叶白头树（*Garuga pinnata*）、勐仑翅子树（*Pterospermum menglunense*）、常绿榆（*Ulmus lanceaefolia*）和闭花木（*Cleistanthus sumatranus*）等。海拔 800～1000 m 范围出现山地季节性雨林，树种组成与海拔低处明显不同。主要建群种为肉托果（*Semecarpus reticulata*）、滇楠（*Phoebe nanmu*）、葱臭木（*Dysoxylum gobara*）、龙果（*Pouteria grandifolia*）、毛荔枝（*Nephelium chryseum*）和烟斗石栎（*Lithocarpus corneus*）等。不同的季节性雨林遭受破坏后，环境变干，会出现不同类型的季雨林。海拔 1000～2000 m 即为山地常绿阔叶林。种类组成与热带森林完全不同，主要建群种为湄公栲（*Castanopsis mekongensis*）、短刺栲（*Castanopsis echinocarpa*）、刺栲（*Castanopsis hystrix*）、印栲（*Castanopsis indica*）、截头石栎（*Lithocarpus truncatus*）、毛叶青冈（*Cyclobalanopsis kerrii*）等。思茅松（*Pinus kesiya* var. *langbianensis*）林在这一范围内有较大面积的分布。

本区土地面积仅占全国面积的 0.2%，但高等植物种类却占全国的 7%，约 4000 种。其中 88%是热带成分，主要以印度-马来西亚植物区系的缅泰成分为多，也有一些中国热带特有种和泛热带种。海拔 1000 m 以上山地亚热带性的东亚植物区系成分占有较重要的位置。据不完全统计，兽类有 102 种，约占全国总数的 1/4，绝大部分灵长类和灵猫类集中于此，种群数量也较大，多为树栖类和热带森林的类群。例如，野象、印度野牛、白颊长臂猿、鼷鹿、印支虎等，都是国家重点保护野生动物。已知鸟类 427 种，两栖类 38 种，爬行类 60 多种，鱼类 100 种，昆虫近 1500 种，还有许多未鉴定的种类。应该指出的是上述的物种当中有经济价值的种类不少，在工农业原料、药用和园艺观赏中的应用发展最快。不少栽培植物的野生亲缘种，如野生稻、野茶树、野荔枝、野芒果、野砂仁、野苦瓜、野黄瓜、野三七和野油茶等也有很大的利用潜力。但是与其他热带地区的情况类似，毁林开荒、刀耕火、偷砍偷猎现象屡禁不止，以致森林遭到极为严重的破坏，盲目移居问题不能彻底解决。在未来，要从加强宣传和培训入手，提高当地居民和管理者的生态意识把资源保护和利用结合起来才能达到预期的保护目标。

⑫桂西南石灰岩地区。这个区域包括广西西南部左、右江流域一带(21°98′~23°28′N，105°40′~108°6′E)。境内的地层广布从泥盆纪至二叠纪的石灰岩，层厚而质纯，岩溶地貌发育完整，表现为石灰岩峰丛、峰林和深切园洼地与槽形谷地地形，大约占据一半以上的面积并常与由花岗岩、变质岩和砂页岩所构成的丘陵山地呈镶嵌分布。西北地势高，海拔1000~1300 m向东南倾斜至海拔100~500 m，南部大青山一带也有海拔1000~1300 m的山峰。左江、右江和邕江谷地海拔100~120 m。本区的纬度与西双版纳大致相同，但这里难以栽培巴西橡胶树，主要因为受沿湘、桂夹道南下的寒潮影响，可出现0 ℃以下的低温。本区干湿季明显，地带性植被类型也为季节性雨林，主要分布在海拔700 m以下，建群种为海南风吹楠(*Horsfieldia hainanensis*)、望天树(*Parashorea chinensis*)、东京桐(*Deutzianthus tonkinensis*)、人面子(*Dracontomelon duperreanum*)和广西樗树(*Ailanthus guangxiensis*)等。园洼地山坡分布有蚬木(*Burretiodendron hsienmu*)、金丝李(*Garcinia paucinervis*)、肥牛树(*Cephalomappa sinensis*)、网脉核实(*Drypetes perreticulata*)、假肥牛树(*Cleistanthus petelotii*)等。园洼地顶部以闭花木(*Cleistanthus saichikii*)、细叶楷木(*Pistacia weinmannifolia*)、粉苹婆(*Sterculia euosma*)等为多。而在花岗岩和砂页岩山地上的季节性雨林的种类组成完全不同，建群种多为广西红光树(*Knema guangxiensis*)、乌榄(*Canarium pimela*)、红山梅(*Artocarpus styracifolius*)、紫荆木(*Madhuca subquincuncialis*)、风吹楠(*Horsfieldia amygdalina*)和山枇杷(*Eberhardtia aurata*)等。海拔700m以上山地为酸性土壤，植被为常绿阔叶林，主要建群种有刺栲(*Castanopsis hystrix*)、青钩栲(*Castanopsis kawakami*)、黄果厚壳桂(*Cryptocarya concinna*)、厚叶琼楠(*Beilschmiedia percoriacea*)等。石灰岩山地即出现常绿落叶阔叶混交林，青岗栎(*Cyclobalanopsis glauca*)、岩樟(*Cinnamomum saxatile*)、青檀(*Pteroceltis tatarinowii*)、朴树(*Celtis sinensis*)、化香(*Platycarya strobilacea*)占有较明显的优势。

本区的植物种类繁多，仅高等植物即余3000种，80%以上属于热带成分，主要属于印度-马来西亚植物区系区中越边植物区系省的成分。特有种很多，中国热带特有成分和泛热带成分也有一定的比重。海拔700 m以上地带以亚热带性的东亚植物区系分布较多。动物方面研究还有待加强，已知兽类30多种，鸟类近100种，爬行类14种，两栖类10多种，昆虫近千种，多属东洋界成分。该区动物种类中，树栖型种类很多，白头叶猴是本区的特产，它与黑叶猴、猕猴、大灵猫、小灵猫、蛤蚧、果蝠等都是该区的代表种类。长期以来，生物资源得到广泛的利用，土特产很多，远销国内外。但是，由于开发过度，已明显产生资源枯竭现象。

⑬海南岛中南部山地地区。海南岛位于南海的北部，地处18°10′~20°10′N，108°37′~111°3′E，属于热带地区的岛屿。陆地面积33 920 km²，是中国第二大岛。岛上四周低平，中间高耸。中部偏南高山起伏，海拔1000 m以上的山峰有667座。五指山最高海拔1867.1 m，以中部山地为核心向四周逐渐递降。有山地、丘陵、台地、滨海平原。其中海拔500 m以上山地占全岛面积25.4%。海拔100~500 m的丘陵占13.3%，海拔100 m以下的台地占32.6%，滨海平原占28.7%。全岛的地质基底以花岗岩为主，局部地方有砂岩、页岩和石灰岩的分布。北部台地主要为玄武岩，滨海平原即由浅海沉积物所构成。全岛气候属热带季风气候，气温高，但冬季仍受北方寒潮的影响。与典型热带区域相比，年温差较大，绝对最低温度较低，雨量多而分配不均。东部为向风面，雨量多，西部为背风面，雨量较少，但干湿季都较明显。全岛是一个多台风区，1年8~9次，风力7~12级以上。地带性植被类型为季节性雨林，主要分布于海拔500 m以下。丘陵山地下部和谷地主要建群种有蝴蝶树(*Tarrietia parvifolia*)、青梅(*Vatica astrotricha*)、坡垒(*Hopea hainanensis*)、海南嘉赐树(*Casearia aequilateralis*)、荔枝(*Litchi chinensis*)。山坡中上部以见血封喉(*Antiaris toxicaria*)、桃榄(*Pouteria annamensis*)、海南韶子(*Nephelium topengii*)、海南大风子(*Hydnocarpus hainanensis*)、假鹊肾树(*Pseudostreblus indicus*)、割舌树(*Walsura robusta*)多见。西半部山前的一些丘陵和盆地中由于环境干旱，出现大片的季雨林，主要种类为海南蒲桃(*Syzygium cumini*)、厚皮树(*Lannea grandis*)、五室第伦桃(*Dillenia pentagyna*)、鸡占(*Terminalia hainanensis*)、白格(*Albizia odoratissima*)等。西部干旱的台地上有稀树草原的分布，海拔500~1100 m的山地出现山地季节性雨林，主要建群种为陆均松(*Dacrydium pierrei*)、鸡毛松(*Podocarpus imbricatus*)、琼崖柯(*Lithocarpus fenzelianus*)、刺栲(*Castanopsis hysirix*)、北油丹(*Alseodaphnopsis hainanensis*)、海南黄叶树(*Xanthophyllum hainanense*)、海南紫荆(*Madhuca hainanensis*)、海南厚壳桂(*Cryptocarya hainanensis*)等。

海南岛陆地面积只占全国的0.35%，但高等植物占全国总数的7%，约有4000多种。其中有630种为海南所特有，80%以上的种属热带成分，多为印度-马来西亚植物区系中马来半岛的成分和泛热带成分，中国热带特有种也占一定的比重。海拔较高山地有一些亚热带种类渗入，动物种类也不少，已知兽类82种、鸟类344种、爬行类104种、两栖类37种，少数是海南特有的种类。长臂猿、海南坡鹿都是国家重点保护野生动物。生物资源历来是经济收入的重要来源，但是过分利用会导致资源枯竭、环境恶化，需要全面规划。

⑭青海可可西里地区。本区地处青藏高原腹地，平均海拔5000 m，最高峰为北缘的昆仑山布喀达板峰，海拔6860 m，最低处海拔4200 m。区内地势南北高，中部低，波状起伏，低山丘陵和高原湖盆相间分布，是羌塘高原内流湖区和长江河源水系交汇地区。湖泊众多，据统计面积大于1 km^2的湖泊有107个，总面积3825 km^2。其中面积200 km^2以上的湖泊有7个。乌兰乌拉湖最大面积5445 km^2。气候特点是寒冷、干旱、风大、区域差异大。年平均气温由东南向西北逐渐降低为-10~-4.1 ℃。年降水量的变化趋势与温度的变化相似，为200~400mm。植被的变化也与这个趋势相一致，从东南向西北呈现高寒草甸、高寒草原、高原荒漠的更替。高山冰缘稀疏植被也有较大面积的分布。高寒草甸以小蒿草(*Kobresia pygmaea*)和无味薹(*Carex pseudofoetida*)占优势。高寒草原占据面积最大，主要建群种有紫花针茅(*Stipa purpurea*)、藏扇穗茅(*Littledalea tibetica*)、青藏薹草(*Carex moorcroftii*)等。高山冰缘植被即零星分布一些鼠曲雪兔(*Saussurea gnaphalodes*)、昆仑雪兔(*Saussurea depsangensis*)等。

区内的生物种类虽不多但有许多青藏高原特有种类，世界其他地方都没有分布，所以本区被列为具有国际意义的生物多样性分布中心地区。据调查，区内高等植物有202种，占整个羌塘高原高等植物250种的80.8%。其中青藏高原特有种84种，占全区种类41.6%。兽类有16种，其中11种为特有种，占全区种类67.7%。鸟类约30种，特有种7种，占全区种类23%。最著名的野生动物有藏野驴、野牦牛、藏羚、藏原羚、藏雪鸡、金雕、大鵟、红隼等。它们的种群数量都较大，特别是藏野驴、野牦牛、藏羚和藏原羚都是成群出没。值得指出的是，高原上的湖泊，湖水有白、蓝、蓝绿、靛青等色。由近而远，湖水由浅而深，形成一条条色带。既有淡水湖、成水湖，也有盐湖。疯狂的偷猎盗捕和采挖虫草等行为已经使该区生态系统和生物多样性遭到毁灭性破坏。

(2)自然区域及保护重点

根据我国的自然条件、社会经济状况、自然资源以及主要保护对象分布特点等因素，可将全国划分为8个自然区域，即东北山地平原区、蒙新高原荒漠区、华北平原黄土高原区、青藏高原高寒区、西南高山峡谷区、中南西部山地丘陵区、华东华中丘陵平原区和华南低山丘陵区作为保护重点。

①东北山地平原区。概况：本区包括辽宁、吉林、黑龙江全部和内蒙古部分地区，总面积约124万 km^2，已建立国家级自然保护区54个，面积567.1万 hm^2；国家级森林公园126个，面积276.5万 hm^2；国家级风景名胜区16个，面积64.8万 hm^2；国家级水产种质资源保护区14个，面积4.9万 hm^2，合计占本区总面积的8.45%。本区生物多样性保护优先区域包括大兴安岭区、

小兴安岭区、呼伦贝尔区、三江平原区、长白山区和松嫩平原区。

保护重点：以东北虎、远东豹等大型猫科动物为重点保护对象，建立自然保护区间生物廊道和跨国界保护区。科学规划湿地保护，建立跨国界湿地保护区，解决湿地缺水与污染问题。在松嫩-三江平原、滨海地区、黑龙江、乌苏里江沿岸、图们江下游和鸭绿江沿岸，重点建设沼泽湿地及珍稀候鸟迁徙地繁殖地、珍稀鱼类和冷水性鱼类自然保护区。在重点国有林区建立典型寒温带及温带森林类型、森林湿地生态系统类型，以及以东北虎、原麝、红松、东北红豆杉、野大豆等珍稀动植物为保护对象的自然保护区或森林公园。

②蒙新高原荒漠区。概况：本区包括新疆全部和河北、山西、内蒙古、陕西、甘肃、宁夏等地的部分地区，总面积约 269 万 km^2，已建立国家级自然保护区 35 个，面积 1983.3 万 hm^2；国家级森林公园 40 个，面积 112.2 万 hm^2；国家级风景名胜区7 个，面积 68.3 万 hm^2；国家级水产种质资源保护区 14 个，面积 63.1 万 hm^2，合计占本区域总面积的 7.76%。本区生物多样性保护优先区包括阿尔泰山区、天山-准噶尔盆地西南缘区、塔里木河流域区、祁连山区、库姆塔格区、西鄂尔多斯-贺兰山-阴山区和锡林郭勒草原区。

保护重点：按山系、流域、荒漠等生物地理单元和生态功能区建立和整合自然保护区，扩大保护区网络。加强野骆驼、野驴、盘羊等荒漠、草原有蹄类动物以及鸨类、蓑羽鹤、黑鹳、遗鸥等珍稀鸟类及其栖息地的保护。加强对新疆大头鱼等珍稀特有鱼类及其栖息地的保护。加强对新疆野苹果和新疆野杏等野生果树种质资源和牧草种质资源的保护，加强对荒漠化地区特有的天然梭梭林、胡杨林、四合木、沙地柏、肉苁蓉等的保护。整理和研究少数民族在民族医药方面的传统知识。

③华北平原黄土高原区。概况：本区包括北京、天津、山东全部以及河北、山西、江苏、安徽、河南、陕西、青海、宁夏等地部分地区，总面积约 95 万 km^2，已建立国家级自然保护区 35 个，面积 103 万 hm^2；国家级森林公园 123 个，面积 120 万 hm^2；国家级风景名胜区 29 个，面积 74 万 hm^2。国家级水产种质资源保护区 6 个，面积 2.3 万 hm^2，合计占本区总面积的 3.03%。本区生物多样性保护优先区域包括六盘山-子午岭区和太行山区。

保护重点：加强该地区生态系统的修复，以建立自然保护区为主，重点加强对黄土高原地区次生林、吕梁山区、燕山-太行山地的典型温带森林生态系统、黄河中游湿地、滨海湿地和华中平原区湖泊湿地的保护，加强对褐马鸡等特有雉类、鹤类、雁鸭类、鹳类及其栖息地的保护。建立保护区之间的生物廊道，恢复优先区内已退化的环境。加强区域内特大城市周围湿地的恢复与保护。

④青藏高原高寒区。概况：本区包括四川、西藏、青海、新疆等地的部分地区，面积约 173 万 km^2，已建立国家级自然保护区 11 个，面积 5632.9 万 hm^2；国家级森林公园 12 个，面积 136.3 万 hm^2；国家级风景名胜区 2 个，面积 99 万 hm^2；国家级水产种质资源保护区 4 个，面积 22.9 万 hm^2，合计占本区总面积的 33.06%。本区生物多样性保护优先区域包括三江源-羌塘区和喜马拉雅山东南区。

保护重点：加强原生地带性植被的保护，以现有自然保护区为核心，按山系、流域建立自然保护区，形成科学合理的自然保护区网络。加强对典型高原生态系统、江河源头和高原湖泊等高原湿地生态系统的保护，加强对藏羚羊、野牦牛、普氏原羚、马麝、喜马拉雅麝、黑颈鹤、青海湖裸鲤、冬虫夏草等特有珍稀物种种群及其栖息地的保护。

⑤西南高山峡谷区。概况：本区包括四川、云南、西藏等地的部分地区，面积约 65 万 km^2，已建立国家级自然保护区 19 个，面积 338.8 万 hm^2；国家级森林公园 29 个，面积 83.1 万 hm^2；国家级风景名胜区 12 个，面积 217.1 万 hm^2，合计占本区总面积的 7.80%。本区生物多样性保护优先区域包括横断山南段区和岷山-横断山北段区。

保护重点：以喜马拉雅山东缘和横断山北段、南段为核心，加强自然保护区整合，重点保护高山峡谷生态系统和原始森林，加强对大熊猫、金丝猴、孟加拉虎、印支虎、黑麝、虹雉、红豆杉、兰科植物、松口蘑、冬虫夏草等国家重点保护野生动植物种群及其栖息地的保护。加强对珍稀野生花卉和农作物及其亲缘种种质资源的保护，加强对传统医药和少数民族传统知识的整理和保护。

⑥中南西部山地丘陵区。概况：本区包括贵州全部，以及河南、湖北、湖南、重庆、四川、云南、陕西、甘肃等地的部分地区，面积约 91 万 km^2，已建立国家级自然保护区45 个,面积 218.7 万 hm^2；国家级森林公园 119 个，面积 77.3 万 hm^2；国家级风景名胜区 36 个，面积 88.6 万 hm^2；国家级水产种质资源保护区 16 个，面积 4.0 万 hm^2，合计占本区总面积的 3.71%。本区生物多样性保护优先区域包括秦岭区、武陵山区、大巴山区和桂西黔南石灰岩区。

保护重点：重点保护我国独特的亚热带常绿阔叶林和喀斯特地区森林等自然植被。建设保护区间的生物廊道，加强对大熊猫、朱鹮、特有雉类、野生梅花鹿、黑颈鹤、林麝、苏铁、桫椤、珙桐等国家重点保护野生动植物种群及栖息地的保护。加强对长江上游珍稀特有鱼类及其生存环境的保护。加强生物多样性相关传统知识的收集与整理。

⑦华东华中丘陵平原区。概况：本区包括上海、浙江、江西全部，以及江

苏、安徽、福建、河南、湖北、湖南、广东、广西等地的部分地区，总面积约109万km^2，已建立国家级自然保护区70个，面积184.5万hm^2，国家级森林公园226个，面积148.9万hm^2；国家级风景名胜区71个，面积175.5万hm^2；国家级水产种质资源保护区48个，面积22.5万hm^2，合计占本区总面积的2.77%。本区生物多样性保护优先区域包括黄山-怀玉山区、大别山区、武夷山区、南岭区、洞庭湖区和鄱阳湖区。

保护重点：建立以残存重点保护植物为保护对象的自然保护区、保护小区和保护点，在长江中下游沿岸建设湖泊湿地自然保护区群。加强对人口稠密地带常绿阔叶林和局部存留古老珍贵动植物的保护。在长江流域及大型湖泊建立水生生物和水产资源自然保护区，加强对中华鲟、长江豚类等珍稀濒危物种的保护，加强对沿江、沿海湿地和丹顶鹤、白鹤等越冬地的保护，加强对华南虎潜在栖息地的保护。

⑧华南低山丘陵区。概况：本区包括海南全部，以及福建、广东、广西、云南等地的部分地区，总面积约34万km^2，已建立国家级自然保护区34个，面积92万hm^2；国家级森林公园34个，面积19.5万hm^2；国家级风景名胜区14个，面积54.3万hm^2；国家级水产种质资源保护区2个，面积511 hm^2，合计占本区总面积的2.91%。本区生物多样性保护优先区域包括海南岛中南部区、西双版纳区和桂西南山地区。

保护重点：加强对热带雨林与热带季雨林、南亚热带季风常绿阔叶林、沿海红树林等生态系统的保护。加强对特有灵长类动物、亚洲象、海南坡鹿、野牛、小爪水獭等国家重点保护野生动物以及热带珍稀植物资源的保护。加强对野生稻、野茶树、野荔枝等农作物野生近缘种的保护。系统整理少数民族地区相关传统知识。

(3)海洋与海岸生物多样性保护优先区域

我国海洋资源丰富，海洋沿岸湿地是鸟类的重要栖息地，也是海洋生物的产卵场、索饵场和越冬场。我国共建立各级各类海洋自然保护地271处，涉及辽宁、河北、天津、山东、江苏、上海、浙江、福建、广东、广西和海南11个沿海省(自治区、直辖市)；海洋特别保护区40余处，其中，国家级17处，合计约占我国海域面积的1.2%。

陈灵芝主编的《中国的生物多样性现状及其保护对策》在确定我国生物多样性关键地区以及保护重点的基础上，综合考虑生态系统类型的代表性、特有程度、特殊生态功能，以及物种的丰富程度、珍稀濒危程度、受威胁因素、地区代表性、经济用途、科学研究价值、分布数据的可获得性等因素，又划定了

35 个生物多样性保护优先区域，包括大兴安岭区、三江平原区、祁连山区、秦岭区等 32 个内陆陆地和水域生物多样性保护优先区域，以及黄渤海保护区域、东海及台湾海峡保护区域和南海保护区域 3 个海洋与海岸生物多样性保护优先区域。

①黄渤海保护区域。本区的保护重点是辽宁主要入海河口及邻近海域，营口连山湿地、盖州团山滨海湿地，盘锦辽东湾海域、兴城菊花岛海域、普兰店皮口海域，锦州大笔架山岛、小笔架山岛，长兴岛石林、金州湾范驼子连岛沙坝体系，大连黑石礁礁群、金州黑岛、庄河青碓湾，河北唐海、黄骅滨海湿地，天津汉沽、塘沽和大港盐田湿地，汉沽浅海生态系、山东沾化、刁口湾、胶州湾、灵山湾、五垒岛湾，靖海湾、乳山湾、烟台金山港、蓬莱-龙口滨海湿地，山东主要入海河口及其邻近海域，潍坊莱州湾、烟台套子湾、荣成桑沟湾，莱州刁龙咀沙堤及三山岛，北黄海近海大型海藻床分布区，江苏废黄河口三角洲侵蚀性海岸滨海湿地、灌河口，苏北辐射沙洲北翼淤涨型海岸滨海湿地、苏北辐射沙洲南翼人工干预型滨海湿地、苏北外沙洲湿地等，以及黄海中央冷水团海域。

②东海及台湾海峡保护区域。本区的保护重点是上海奉贤杭州湾北岸滨海湿地、青草沙、横沙浅滩，浙江杭州湾南岸、温州湾海岸及瓯江河口三角洲滨海湿地，渔山列岛、披山列岛、洞头列岛、铜盘岛、北麂列岛及其邻近海域，大陈、象山港、三门湾海域，福建三沙湾、罗源湾、兴化湾、湄洲湾、泉州湾滨海湿地，东山湾、闽江口、杏林湾海域，东山南澳海洋生态廊道，黑潮流域大海洋生态系。

③南海保护区域。本区的保护重点是广东潮州及汕头中国鲎、阳江文昌鱼、茂名江豚等海洋物种栖息地，汕尾、惠州红树林生态系统分布区，阳江、湛江海草床生态系统分布区，深圳、珠海珊瑚及珊瑚礁生态系统分布区，中山滨海湿地、珠海海岛生态区，江门镇海湾、茂名近海、汕头近岸、惠来前詹、广州南沙坦头、汕尾汇聚流海洋生态区，惠东港口海龟分布区、珠江口中华白海豚分布区，广西涠洲岛珊瑚礁分布区、茅尾海域、大风江河口海域、钦州三娘湾中华白海豚栖息地、防城港东湾红树林分布区，海南文昌、琼海珊瑚礁海草床分布区，万宁、蜈支洲、双帆石、东锣、西鼓、昌江海尾、儋州大铲礁软珊瑚、柳珊瑚和珊瑚礁分布区，鹦哥海盐场湿地、黑脸琵鹭分布区，以及西沙、中沙和南沙珊瑚礁分布区等。

任务实施

以小组为单位，选择当地或生源地重要湖滨湿地，调查该区域内开展的生物多样性保护活动有哪些。收集湿地内物种总数、物种密度、特有种比例等数据资料，分析随着活动开展湖滨湿地生物多样性的变化情况以及存在问题等，并于课上分组展示汇报。

任务记录

1. 保护活动

______

______

2. 生物多样性变化情况

______

______

3. 存在问题

______

______

任务启示

任务实施完成后，对所获得的知识感悟进行总结。

______

______

任务评价

以小组为单位进行保护活动评价，根据小组调查结果，以及对生物多样性变化情况和存在问题等方面的分析进行组内自评、组间互评和教师评价（表 3-2）。

表 3-2 考核评价表

组号		姓名				日期	
序号	评分项目	分值	组内自评	组间互评	教师评价	平均分	说明
1	保护活动	30					
2	生物多样性变化情况	30					
3	存在问题	20					
4	展现效果	20					
	总 分						

任务 3-2　生物多样性保护

任务描述

自选当地面临危胁的保护物种，在了解基本情况和保护现状的基础上，针对该物种设计保护方案。

知识准备

多年来，我国一直在为生物多样性保护努力，并取得了一定的成效。据《中国森林资源报告(2014—2018)》显示，全国森林覆盖率从新中国成立之初的不到9%提高到22.96%，森林蓄积量由1976年的86.6万 m^3 增加到175.6万 m^3。全国草原面积近60万亩，占国土面积的41.7%；全国湿地总面积5360.26万 hm^2，占国土面积的5.58%。全国沙化土地扩展的态势得到遏制，自2004年以来，沙化和荒漠化土地面积持续呈现“双缩减”。至2019年年底，中国已建成各类自然保护地1.18万个，保护地总面积占国土陆域面积的18%，管辖海域面积的4.1%，有效保护了我国90%的陆地生态系统类型、85%的野生动物种群、65%的高等植物群落和近30%的重要地质遗迹，涵盖了25%的原始天然林、50.3%的自然湿地和30%的典型荒漠地区，各类自然保护地在保护生物多样性、保护自然遗产、改善生态环境质量和维护国家生态安全方面发挥了重要作用。

1. 生物多样性保护的途径

一直以来生物多样性的保护有多种途径，根据保护地与被保护对象之间地理位置的关系，可以分为就地保护、近地保护、迁地保护和回归引种。

(1)就地保护

就地保护是指建立以国家公园为主体的自然保护地体系，对有价值的自然生态系统和野生生物及其栖息地予以保护，以保持生态系统内生物的繁衍与进化，维持系统内的物质能量流动与生态过程。建立自然保护地是实现这种保护目标的重要措施。就地保护是生物多样性保护中最为有效的一项措施，是拯救生物多样性的必要手段。为了保护生物多样性，就地保护把包含保护对象在内的一定面积的陆地或水体划分出来，进行保护和管理。就地保护的对象，主要包括有代表性的自然生态系统和珍稀濒危动植物的天然集中分布区等。

2019年以前中国采取的生物多样性就地保护主要是建立自然保护区。自然保护区是一个泛称，实际上，由于建立的目的、要求和本身所具备的条件不同而有多种类型。按照保护的主要对象来划分，自然保护区可以分为生态系统类型保护区、生物物种保护区和自然遗迹保护区3类；按照保护区的性质来划分，自然保护区可以分为科研保护区、国家公园（即风景名胜区）、管理区和资源管理保护区4类。不管保护区的类型如何，其总体要求是以保护为主，在不影响保护的前提下，把科学研究、教育、生产和旅游等活动有机地结合起来，使它的生态、社会和经济效益都得到充分展示。

自然保护区的定义分为广义和狭义两种。广义的自然保护区，是指受国家法律特殊保护的各种自然区域的总称，不仅包括自然保护区本身，而且包括国家公园、风景名胜区、自然遗迹地等各种保护地区。狭义的自然保护区，是指以保护特殊生态系统进行科学研究为主要目的而划定的自然保护区，即严格意义的自然保护区。

1956年，中华人民共和国第一届全国人民代表大会第三次会议通过一项提案，提出了建立自然保护区的问题。同年10月林业部草拟了《天然森林禁伐区（自然保护区）划定草案》，并在广东省肇庆镇建立了中国的第一个自然保护区——鼎湖山自然保护区。20世纪70年代末、80年代初以来，中国自然保护事业发展迅速。

《中华人民共和国自然保护区条例》（以下简称《条例》）第二条定义的“自然保护区”为“对有代表性的自然生态系统、珍稀濒危野生动植物物种的天然集中分布区、有特殊意义的自然遗迹等保护对象所在的陆地、陆地水体或者海域，依法划出一定面积予以特殊保护和管理的区域”。中国的自然保护区又分为国家级自然保护区和地方各级自然保护区。《条例》第十一条规定，“其中在国内外有典型意义、在科学上有重大国际影响或者有特殊科学研究价值的自然保护区，列为国家级自然保护区”。《条例》第十二条规定，“国家级自然保护区的建立，由自然保护区所在的省、自治区、直辖市人民政府或者国务院有关自然保护区行政主管部门提出申请，经国家级自然保护区评审委员会评审后，由国务院环境保护行政主管部门进行协调并提出审批建议，报国务院批准”。

自然保护区往往是一些珍贵、稀有的动植物物种的集中分布区，候鸟繁殖、越冬或迁徙的停歇地，以及某些饲养动物和栽培植物野生近缘种的集中产地，具有典型性或特殊性的生态系统；也常是风光绮丽的天然风景区，具有特殊保护价值的地质剖面、化石产地或冰川遗迹、岩溶、瀑布、温泉、火山口以及陨石的所在地等。中国建立自然保护区的目的是保护珍贵的、稀有的动植物资源，以及保护代表不同自然地带的自然环境的生态系统，还包括有特殊意义的文化遗迹等。其意义在于：保留自然本底，它是今后在利用、改造自然中应循的途径，为人们提供评价标准以及评估人类活动将会引起的后果；贮备物种，它是拯救濒危生物物种的庇护所；科研、教育基地，它是研究各类生态系统的自然过程、各种生物的生态学和生物学特性的重要基地，也是教育实验的场所；保留自然界的美学价值，它是人类健康、灵感和创作的源泉。自然保护区对促进国家的国民经济持续发展和科技文化事业发展具有十分重大的意义。

中国自然保护区分国家级自然保护区和地方级自然保护区，地方级又包括省、市、县 3 级自然保护区。此外，由于建立的目的、要求和本身所具备的条件不同，而有多种类型。按照保护的主要对象来划分，自然保护区可以分为生态系统类型保护区、生物物种保护区和自然遗迹保护区 3 类；按照保护区的性质来划分，自然保护区可以分为科研保护区、国家公园(即风景名胜区)、管理区和资源管理保护区 4 类。不管保护区的类型如何，其总体要求是以保护为主，在不影响保护的前提下，把科学研究、教育、生产和旅游等活动有机地结合起来，使它的生态、社会和经济效益都得到充分展示。

2017 年 10 月，党的十九大报告提出，建立以国家公园为主体的自然保护地体系。国家公园成为当前生物多样性就地保护的重要举措。我国的国家公园是指由国家批准设立并主导管理，边界清晰，以保护具有国家代表性的大面积自然生态系统为主要目的，实现自然资源科学保护和合理利用的特定陆地或海洋区域。国家公园是我国自然保护地最重要类型之一，属于全国主体功能区规划中的禁止开发区域，纳入全国生态保护红线区域管控范围，实行最严格的保护。自然保护区是对有代表性的自然生态系统、珍稀濒危野生动植物物种的天然集中分布区、有特殊意义的自然遗迹等保护对象所在的陆地、陆地水体或者海域，依法划出一定面积予以特殊保护和管理的区域。中华人民共和国的自然保护区分为国家级自然保护区和地方各级自然保护区。自然公园是指为保护重要的自然生态系统、自然遗迹和自然景观，具有生态、观赏、文化和科学价值，可持续利用的区域。确保森林、海洋、湿地、水域、冰川、草原、生物等珍贵自然资源，以及所承载的景观、地质地貌和文化多样性得到有效保护。包括森林公园、地质公园、海洋公园、湿地公园、沙漠公园、草原公园等各类自然公园。

自 1956 年中国建立了第一个具有现代意义的自然保护区——鼎湖山自然保护区以来，经过 60 余年的发展，中国已建立国家公园 10 个；自然保护区 2750 个，占陆域国土面积的 14.86%；自然公园包括 225 个著名景点、1486 个湿地公园和3392个森林公园，取得了显著成效。

(2)近地保护

近地保护介于就地保护与迁地保护之间，是在接近物种原生地、保护地边缘或生物走廊带内，在相同或相近的生境开展物种的迁地保护活动。目前是针对极小种群物种的一种特殊的保护措施，不等同于通常意义上的迁地保护。通过人工繁育，科学规范地开展珍稀濒危物种近地保护，不仅可以保存物种，还能使种群数量扩大。

(3)迁地保护

迁地保护是指为了保护生物多样性，把不安全或受威胁生境中的濒危物种或物种的一部分迁出原地，移入植物园、动物园、水族馆、濒危物种繁殖中心和种质资源库等，进行特殊的保护和管理。近地保护是挽救濒危物种的重要手段之一，是实现物种回归自然和种群人工恢复的基础和重要前提，同时也是实现资源可持续利用的第一步。生物多样性保护的可持续利用，往往是通过迁地保护才能实现。因此，迁地保护是与就地保护相辅相成的，在某些情况下甚至是唯一可行的选择。

(4)回归引种

回归引种(回归自然)是将一种物种释放到它以前曾生存过但现已灭绝或认为已经灭绝的地方并加以管理，即某一地域内原来有这一物种，后来因自然或者人为的原因这一物种在此地域灭绝，于是从其他地域引种回来使其继续生存；也指把经过迁地的人工繁殖体，重新放回它们原来自然和半自然的生态系统，或是放回到适合它们生存的野外环境中。

回归引种是就地保护和迁地保护的桥梁，应该看作是综合保护的一个组成部分，其目的在于保护和增加生物多样性，为一个在全球范围内野生种群已经灭绝或在某一地区已经消失了的种或亚种建立野外的、可维持的、自然繁衍的种群。

2. 生物多样性保护的法律措施

20世纪以来，现代生物科技高速发展对人类生产、生活产生的影响越来越大，人类开始慢慢关注环境污染、生态破坏等问题，生物多样性概念日益受到人们的重视。生物学、生态学、动物学、植物学、气象学、地理学、水文学、经济学、社会学、法学等学科都在关注生物多样性保护，并提出具有各自学科特色的对策、建议。联合国《千年生态系统评估报告》，把影响生物多样性变化的因素称作“驱动力”，并且将“驱动力”分为“直接驱动力”和“间接驱动力”两种类型(史学瀛，2007)，法律属于“间接驱动力”。通过立法，可以直接规范人类的行为，以减少人类对生态环境的破坏，加强对生物多样性的保护，主要体现在生态系统保护、防止外来物种入侵、生物遗传资源保护、生物安全、传统知识与民族文化保护这些领域立法，直接规定生物多样性保护与可持续利用的内容。同时，通过立法，也可以影响人口、科技、经济、文化等其他影响生物多样性的“间接驱动力”，来促使其他“间接驱动力”对生物多样性保护和可持续利用产生正面影响。基于此，运用法律来保障生物多样性，已然成为人类的共识。

(1)立法保障

我国历来高度重视生物多样性保护工作，积极践行《生物多样性公约》和相关公约，生物多样性保护工作取得一定成就，得到了国际社会的普遍认可。国家对生物多样性保护的重视主要体现在以下几个方面。

①注重生态文明建设，贯彻绿色发展理念。党的十八大把生态文明建设纳入中国特色社会主义事业总体布局，使生态文明建设的战略地位更加明确，有利于把生态文明建设融入经济建设、政治建设、文化建设、社会建设各方面和全过程。党的十九大报告指出，加快生态文明体制改革，建设美丽中国。报告明确指出，优化生态安全屏障体系，构建生态廊道和生物多样性保护网络，提升生态系统质量和稳定性。报告同时提出，建立以国家公园为主体的自然保护地体系。

②出台相应政策。1994年出台的《中国生物多样性保护行动计划》，是我国第一部有关生物多样性保护的纲领文件。此后，又相继出台了《全国主体功能区规划》《联合国生物多样性十年中国行动方案》《中国生物多样性保护战略与行动计划(2011—2030年)》《全国重要生态系统保护和修复重大工程总体规划(2021—2035年)》等一系列生物多样性保护的指导文件，为生物多样性保护提供了政策遵循，推动了我国生物多样性保护事业的发展。

③完善生物多样性保护机构。为协调各部门生物多样性保护工作，加强对生物多样性保护与可持续利用的顶层设计，于2011年成立了中国生物多样性保护国家委员会。同时，为加强对现有机构部门职能的整合，2018年发布《深化党和国家机构改革方案》中提出组建生态环境部、自然资源部、国家林业和草原局等一系列机构，来适应生态文明建设新发展。

④纳入国民经济发展规划。我国还将生物多样性保护写入国民经济发展规划，提升生态系统质量和稳定性。“十四五”规划纲要指出，坚持山水林田湖草系统治理，构建以国家公园为主体的自然保护地体系。实施生物多样性保护

重大工程。加强外来物种管控工作。国家层面对生物多样性问题的关注与对生物多样性保护的支持，为生物多样性领域立法工作提供了强有力的支撑。

(2)相关法律法规

我国先后制定修订了50多部与生物多样性保护相关的法律法规，在生态系统保护、防止外来物种入侵、生物遗传资源保护、生物安全等领域取得了不少立法成就。

①生态系统保护领域。我国拥有森林、草原、海洋、河湖、湿地等多种生态系统类型，并对应出台了相应的法律法规。针对森林保护出台了《中华人民共和国森林法》，针对草原保护出台了《中华人民共和国草原法》，针对海洋保护出台了《中华人民共和国海洋环境保护法》，针对湿地保护出台了《湿地保护管理规定》等。1994年颁布实施的《中华人民共和国自然保护区条例》是我国第一部对自然保护区进行系统规定的专门性法规。

②防止外来物种入侵领域。我国还没有制定一部专门的法律来规制外来物种入侵，主要散见于其他法律中。例如，《中华人民共和国生物安全去》第六十条规定，国家加强对外来物种入侵的防范和应对，保护生物多样性；国务院有关部门根据职责分工，加强对外来入侵物种的调查、监测、预警、控制、评估、清除以及生态修复等工作。《中华人民共和国野生动物保护法》《中华人民共和国农业法》《中华人民共和国畜牧法》《中华人民共和国种子法》《中华人民共和国动物防疫法》等法律法规中也有相关规定。此外，相关行政法规和部门规章有《森林病虫害防治条例》《林业外来有害物种入侵灾害预案》等；地方立法有《沈阳市外来物种防治管理暂行办法》等。

③生物遗传资源保护领域。《中华人民共和国生物安全法》第五十八条规定，采集、保藏、利用、运输出境我国珍贵、濒危、特有物种及其可用于再生或者繁殖传代的个体、器官、组织、细胞、基因等遗传资源，应当遵守有关法律法规；境外组织、个人及其设立或者实际控制的机构获取和利用我国生物资源，应当依法取得批准。关于遗传资源与惠益分享的其他法律条款，主要集中在《中华人民共和国畜牧法》《中华人民共和国渔业法》《中华人民共和国野生动物保护法》《中华人民共和国森林法》《中华人民共和国草原法》《中华人民共和国种子法》等法律中。此外，相关行政法规有《中华人民共和国野生植物保护条例》《中华人民共和国种畜禽管理条例》《中药品保护条例》等；部门规章有《种畜禽管理条例实施细则》《中华人民共和国畜禽遗传资源进出境和对外合作研究利用审批办法》《家畜遗传材料生产许可办法》等；地方性法规有《湖南省野生动植物资源保护条例》等。

④生物安全领域。我国生物安全领域立法以《中华人民共和国生物安全法》为主。2021年4月起实施的《中华人民共和国生物安全法》是我国生物安全领域的基础性、综合性、系统性、统领性法律。此外，有关生物安全的规定还散见于《中华人民共和国农业法》《农业转基因生物安全管理条例》《基因工程安全管理办法》《农业转基因生物安全评价管理办法》等。

3. 生物多样性保护的管理机构

为了有效地保护生物多样性，中国还成立了相关的管理机构。其中国务院有关主管部门有自然资源部、生态环境部、农业农村部、住房和城乡建设部、水利部等，包括国家林业和草原局、国家公园管理局等，而地方管理机构主要有自然资源厅、生态环境厅、农村农业厅(局)、林业和草原局(林业局)、海洋局等。

4. 科学研究

由于生物多样性保护的极端重要性，生物多样性相关的科学研究也成为科研领域的热点。主要包括以下几个方面。

(1)生物多样性编目

组织和开展生物区系调查，编著各类生物基本图志，如《高等植物图鉴》《中国植被》《中国自然地理》《中国植物志》《中国动物志》《中国经济植物志》《中国鸟类大纲》《中国经济昆虫志》《中国植物红皮书》《中国动物红皮书》等。

(2)保护技术和理论研究

近几十年来，中国科学院有关科研院所、高校及地方研究机构组织开展了生态学、分类学、生物学、遗传学等基础理论研究，如中国科学院开展了“生物多样性保护及持续利用的生物学基础研究”“中国生物多样性保护生态学的基础研究”“中国主要濒危植物的保护生物学研究”等。

(3)监测与信息系统

生物多样性保护信息系统包括濒危物种信息系统、分类标本收藏信息系统、遗传资源信息系统、物种多样性信息系统和生态系统信息系统。

前3项信息系统较为简单，主要包括对应的数据资源的输入、存储、处理、输出和控制。后2项信息系统涵盖内容较为复杂，物种多样性信息系统包括分类地位、数量与分布、濒危程度、野生和饲养种群大小、栖息地、生物学和生态学习性、人类利用情况、有关保护区和各地保护状况等；生态系统信息系统包括各类生态系统特征、受威胁程度及其有关的环境因子(如气候、土壤、地质等)。

5. 国际合作

生物多样性保护是全人类面临的重要课题，国际合作格外重要。已有的国际合作形式包括以下几个方面。

(1)与世界银行的合作

1990年中国向世界银行贷款3万美元用于造林项目，6年内在中国16个省份241个县完成新造速生丰产林98.5万hm^2。1994年中国又向世界银行贷款2万美元用于实施森林资源发展和保护项目，6年内在16个省份217个县人工造林62万hm^2，在湖北、四川两省41个县营造防护林28万hm^2。1991—1993年，世界银行与国家环境保护局等合作编制了《中国生物多样性保护行动计划》。1993—1998年再次向世界银行贷款450万美元用于中国科学院的生物多样性研究和信息管理项目。

(2)与联合国开发计划署的合作

联合国开发计划署(UNDP)与林业部的合作始于1980年，双方先后执行技术项目18个，总金额逾1200万美元。特别是1992年双方签署并实施“加强林业项目”，UNDP提供援助638.3万美元，其中“建立全国森林资源监测体系”分项目援助246万美元，援助期限为1992—1997年。UNDP还参与了在中国实施的全球环境基金(GEF)资助的生物多样性项目的管理，如编制《中国生物多样性保护行动计划》。

(3)与联合国粮食及农业组织和世界粮食计划署的合作

1978—1993年，联合国粮食及农业组织(FAO)通过技术合作和信托基金形式，无偿援助中国21个林业项目，总金额为810万美元。到1992年年底，林业部共接受世界粮食计划署援助的造林项目9个，总金额1.18万美元。

(4)与联合国环境规划署的合作

自1988年以来，中国积极支持和参与联合国环境规划署(UNEP)主持的《生物多样性公约》(以下简称《公约》)的起草和谈判，并积极履行《公约》义务。目前UNEP已立项支持中国编写《生物多样性国情研究报告》和《生物多样性管理和信息网络能力建设》。此外，自1985年以来，中国还受UNEP的委托，先后举办了5期控制沙漠化和生态农业培训班，为发展中国家培训了多名技术人员。

(5)与联合国教科文组织的合作

中国于1978年参加由联合国教科文组织(UNESCO)组织的“人与生物圈计

划”国际协调理事会，并在国内建立了人与生物圈国家委员会。先后有吉林长白山、四川卧龙、广东鼎湖山、贵州梵净山、福建武夷山、内蒙古锡林郭勒、新疆博格达峰、湖北神农架、江苏盐城、云南西双版纳、浙江天目山和贵州茂兰12个保护区成为世界生物圈保护区网络成员。

(6)与世界自然基金会的合作

1980年由国务院环境保护领导小组办公室(以下简称环保办)会同林业部和中国科学院与世界自然基金会(WWF)会谈，讨论大熊猫研究项目，其后国务院环境保护领导小组办公室委托林业部与WWF签订了“关于建立保护大熊猫研究中心的议定书”，WWF资助在四川卧龙建立了大熊猫研究中心。1990—2000年，林业部(1998年改为国家林业局)与WWF共签署了两个“五年合作框架”，内容包括大熊猫及其栖息地保护、热带雨林保护、湿地鸟类保护、濒危物种资源调查及培训、宣传和教育5个方面。

(7)与世界自然保护联盟的合作

中国已正式以政府会员身份加入了世界自然保护联盟(IUCN)，并开展了多次合作。例如，1986年国家环境保护局与IUCN合作对新疆阿尔金山自然保护区进行科学考察；1993年与国家公园与保护区委员会(CNPPA，IUCN下设机构)合作，在北京召开了“第一届东亚地区国家公园与保护区大会”。

(8)双边合作项目

中国已开展双边合作项目多次，如1993年与德国政府签订协议，德国政府无偿提供1300万马克(原德国货币单位)，在陕西西部7个县造林2.3万hm^2，并建立种子库和技术培训中心；德国政府无偿援助海南热带森林保护项目，总金额538万马克，用于人才培训，建立热带生物多样性示范区、人工营造示范区和封山育林区；荷兰政府无偿援助云南省森林保护及社区发展项目(FCCDP)，总金额1500万美元。

6. 社区经济发展

自然保护地周边用于生产生活的地域被视为社区，社区的发展状况与自然保护地的建设与发展息息相关，因而必须充分重视社区的经济发展。关于如何进一步促进社区经济发展，有以下几个方面的建议。

(1)重视社区管理问题

充分认识社区管理问题的重要性，在立法环节把社区管理工作内容纳入保护地管理机构的管理目标和职责，是解决社区与保护地冲突的前提。生物圈保护地所倡导的概念，就是把生物多样性保护与社区经济发展相结合，把人作为自然保护地的组成来考虑，重视发挥缓冲区和实验区的功能。

(2) 尊重社区权利，与社区分享利益

对保护地内的集体所有土地和山林、水体、牧场等，应遵循其所有者受益的原则，与社区分享利益，帮助社区经济发展。可以通过购买、租赁土地使用权和资源管理权的方式，也可以按不同所有者的份额，共享资源获得的收益，如门票、资源补偿费、土地设施出租费等。

(3) 建立和完善联合管理委员会

在保护地与社区之间建立多种形式的联合共管委员会，联合共管委员会的形式可以多种多样，成员可多可少，关键是每个委员会的目标明确，工作职责清楚，运行机制有效。运用多种途径，把社区与保护地紧密地结合在一起，共同实现自然保护的目的。

(4) 建立科学的社区管理运行机制

由政府赋予保护地部分行政管理权力，不具备地方政府职能的保护地管理机构应由政府授予土地、资源管理权，至少有权力对保护地内社区居民的生产活动，土地利用方式，建筑及设施的尺寸、样式，交通工具的数量等制定管理规章，并加以监督，对违法者有处置和执法权。社区为了实现保护自然的目标，经济发展和生产生活都受到限制，政府除给予相应补偿外，还应给予一定的优惠政策，如税收减免等。通过扶贫款或保护基金等形式，建立国家补偿机制。对野生动物践踏农田、猛兽猎食牲畜、候鸟袭击鱼塘等损害社区利益的现象有固定的补偿途径，有专门机构评估损失，有正常的申述渠道。社区应对保护区的划界、分区、规划、计划、管理规章的制定有知情权，有机会参与讨论，有一定程度的决策权力。即使有反对意见，也要保证有人听取和做出解释。

(5) 建立社区监督机制

通过地方人民代表大会、政府相关部门、纪检监察部门对自然保护地的管理机构实行监督，在保护地管理人员的工作考核中也加入社区的考核意见，绩效挂钩，督促管理人员提高对社区的认识，改进工作作风。

(6) 经营与管理分离，限制保护地的经营权力

由于我国是一个发展中国家，受国家经济实力所限，保护地需要创收自养的政策在相当一段时间内还会继续存在，但是应该对保护地的经营项目和经营权力进行某些限制。某些收费项目可以继续执行，如旅游门票、资源补偿费、环境保护费等。某些经营项目要区别对待，如游客中心有向公众宣传教育义务的，可以保留。纯属盈利的企业，如旅行社、餐厅、旅馆、交通企业，甚至工

厂、养殖场等应剥离，原属保护地所有的要转让，可以优先、优惠转让给保护地机构调整后分流的职工。保护地管理机构包括职工都不应拥有被保护地管理企业的股份，更不能身兼数职。

(7)扶持、引导社区经济发展

可以采取多种形式，通过多种渠道扶持并引导社区的经济发展。调整产业结构，改变对资源依赖型的传统生产方式。减少种植、养殖、放牧、捕捞等对自然资源破坏较大的产业。强化管理，提高劳动效率，使社区能最大限度地提高利润率。引进技术、人才、资金，协助社区提高生产力水平。

(8)因势利导，积极扶持，发展农民专业合作经济组织

农民专业合作经济组织发展于20世纪80年代中后期，是在家庭承包经营基础上对农业经营体制的创新，是广大农民群众适应市场经济的发展要求、满足发展经济的合作需求，是建设现代农业、增加农民收入、提高农民和农业组织化程度的有效形式，是新阶段党和政府指导农业和农村工作的重要渠道。从前期的实践来看，以龙头企业、农民合作组织、中介组织和部分基层干部离岗参与经济组织为核心力量组建农村专业合作社的经验值得借鉴。

7. 建立自然保护地体系

2019年6月，中共中央办公厅、国务院办公厅印发《关于建立以国家公园为主体的自然保护地体系的指导意见》(以下简称《意见》)指出，“建立以国家公园为主体的自然保护地体系，是贯彻习近平生态文明思想的重大举措，是党的十九大提出的重大改革任务”。党的二十大报告提出，“提升生态系统多样性、稳定性、持续性。以国家重点生态功能区、生态保护红线、自然保护地等为重点，加快实施重要生态系统保护和修复重大工程。推进以国家公园为主体的自然保护地体系建设”。自然保护地是生态建设的核心载体、中华民族的宝贵财富、美丽中国的重要象征，在维护国家生态安全中居于首要地位。

《意见》就建设提出总体目标：建成中国特色的以国家公园为主体的自然保护地体系，推动各类自然保护地科学设置，建立自然生态系统保护的新体制新机制新模式，建设健康稳定高效的自然生态系统，为维护国家生态安全和实现经济社会可持续发展筑牢基石，为建设富强民主文明和谐美丽的社会主义现代化强国奠定生态根基。

到2020年，提出国家公园及各类自然保护地总体布局和发展规划，完成国家公园体制试点，设立一批国家公园，完成自然保护地勘界立标并与生态保护红线衔接，制定自然保护地内建设项目负面清单，构建统一的自然保护地分类分级管理体制。到 2025 年，健全国家公园体制，完成自然保护地整合归并优化，完善自然保护地体系的法律法规、管理和监督制度，提升自然生态空间承载力，初步建成以国家公园为主体的自然保护地体系。到 2035 年，显著提高自然保护地管理效能和生态产品供给能力，自然保护地规模和管理达到世界先进水平，全面建成中国特色自然保护地体系。自然保护地占陆域国土面积18%以上。

《意见》指出，要构建科学合理的自然保护地体系，一是要明确自然保护地功能定位。自然保护地是由各级政府依法划定或确认，对重要的自然生态系统、自然遗迹、自然景观及其所承载的自然资源、生态功能和文化价值实施长期保护的陆域或海域。建立自然保护地目的是守护自然生态，保育自然资源，保护生物多样性与地质地貌景观多样性，维护自然生态系统健康稳定，提高生态系统服务功能；服务社会，为人民提供优质生态产品，为全社会提供科研、教育、体验、游憩等公共服务；维持人与自然和谐共生并永续发展。要将生态功能重要、生态环境敏感脆弱以及其他有必要严格保护的各类自然保护地纳入生态保护红线管控范围。二是要科学划定自然保护地类型，《意见》提出应按照自然生态系统原真性、整体性、系统性及其内在规律，依据管理目标与效能并借鉴国际经验，将自然保护地按生态价值和保护强度高低依次分为 3 类。

(1) 国家公园

国家公园是指以保护具有国家代表性的自然生态系统为主要目的，实现自然资源科学保护和合理利用的特定陆域或海域，是我国自然生态系统中最重要、自然景观最独特、自然遗产最精华、生物多样性最富集的部分，保护范围大，生态过程完整，具有全球价值、国家象征，国民认同度高。

(2) 自然保护区

自然保护区是指保护典型的自然生态系统、珍稀濒危野生动植物种的天然集中分布区、有特殊意义的自然遗迹的区域。具有较大面积，确保主要保护对象安全，维持和恢复珍稀濒危野生动植物种群数量及赖以生存的栖息环境。

(3) 自然公园

自然公园是指保护重要的自然生态系统、自然遗迹和自然景观，具有生态、观赏、文化和科学价值，可持续利用的区域。确保森林、海洋、湿地、水域、冰川、草原、生物等珍贵自然资源，以及所承载的景观、地质地貌和文化多样性得到有效保护。包括森林公园、地质公园、海洋公园、湿地公园等各类自然公园。

制定自然保护地分类划定标准，对现有的自然保护区、风景名胜区、地质公园、森林公园、海洋公园、湿地公园、冰川公园、草原公园、沙漠公园、草原风景区、水产种质资源保护区、野生植物原生境保护区(点)、自然保护小区、野生动物重要栖息地等各类自然保护地开展综合评价，按照保护区域的自然属性、生态价值和管理目标进行梳理调整和归类，逐步形成以国家公园为主体、自然保护区为基础、各类自然公园为补充的自然保护地分类系统。

8. 监督管理制度

《意见》指出，要实行最严格的生态环境保护制度，强化自然保护地监测、评估、考核、执法、监督等，形成一整套体系完善、监管有力的监督管理制度。

(1) 建立监测体系

建立国家公园等自然保护地生态环境监测制度，制定相关技术标准，建设各类各级自然保护地“天空地一体化”监测网络体系，充分发挥地面生态系统、环境、气象、水文水资源、水土保持、海洋等监测站点和卫星遥感的作用，开展生态环境监测。依托生态环境监管平台和大数据，运用云计算、物联网等信息化手段，加强自然保护地监测数据集成分析和综合应用，全面掌握自然保护地生态系统构成、分布与动态变化，及时评估和预警生态风险，并定期统一发布生态环境状况监测评估报告。对自然保护地内基础设施建设、矿产资源开发等人类活动实施全面监控。

(2) 加强评估考核

组织对自然保护地管理进行科学评估，及时掌握各类自然保护地管理和保护成效情况，发布评估结果。适时引入第三方评估制度。对国家公园等各类自然保护地管理进行评价考核，根据实际情况，适时将评价考核结果纳入生态文明建设目标评价考核体系，作为党政领导班子和领导干部综合评价及责任追究、离任审计的重要参考。

(3) 严格执法监督

制定自然保护地生态环境监督办法，建立包括相关部门在内的统一执法机制，在自然保护地范围内实行生态环境保护综合执法，制定自然保护地生态环境保护综合执法指导意见。强化监督检查，定期开展“绿盾”自然保护地监督检查专项行动，及时发现涉及自然保护地的违法违规问题。对违反各类自然保护地法律法规等规定，造成自然保护地生态系统和资源环境受到损害的部门、地方、单位和有关责任人员，按照有关法律法规严肃追究责任，涉嫌犯罪的移送司法机关处理。建立督查机制，对自然保护地保护不力的责任人和责任单位进行问责，强化地方政府和管理机构的主体责任。

9. 完善自然保护地体系

同时，《意见》还明确提出要采取有效的保障措施，逐步形成完善的以国家公园为主体的自然保护地体系。

(1) 加强党的领导

地方各级党委和政府要增强"四个意识"，严格落实生态环境保护党政同责、一岗双责，担负起相关自然保护地建设管理的主体责任，建立统筹推进自然保护地体制改革的工作机制，将自然保护地发展和建设管理纳入地方经济社会发展规划。各相关部门要履行好自然保护职责，加强统筹协调，推动工作落实。重大问题及时报告党中央、国务院。

(2) 完善法律法规体系

加快推进自然保护地相关法律法规和制度建设，加大法律法规立改废释工作力度。修改完善自然保护区条例，突出以国家公园保护为主要内容，推动制定出台自然保护地法，研究提出各类自然公园的相关管理规定。在自然保护地相关法律、行政法规制定或修订前，自然保护地改革措施需要突破现行法律、行政法规规定的，要按程序报批，取得授权后施行。

(3) 建立以财政投入为主的多元化资金保障制度

统筹包括中央基建投资在内的各级财政资金，保障国家公园等各类自然保护地保护、运行和管理。国家公园体制试点结束后，结合试点情况完善国家公园等自然保护地经费保障模式；鼓励金融和社会资本出资设立自然保护地基金，对自然保护地建设管理项目提供融资支持。健全生态保护补偿制度，将自然保护地内的林木按规定纳入公益林管理，对集体和个人所有的商品林，地方可依法自主优先赎买；按自然保护地规模和管护成效加大财政转移支付力度，加大对生态移民的补偿扶持投入。建立完善野生动物肇事损害赔偿制度和野生动物伤害保险制度。

(4) 加强管理机构和队伍建设

自然保护地管理机构会同有关部门承担生态保护、自然资源资产管理、特许经营、社会参与和科研宣教等职责，当地政府承担自然保护地内经济发展、社会管理、公共服务、防灾减灾、市场监管等职责。按照优化协同高效的原则，制定自然保护地机构设置、职责配置、人员编制管理办法，探索自然保护地群的管理模式。适当放宽艰苦地区自然保护地专业技术职务评聘条件，建设高素质专业化队伍和科技人才团队。引进自然保护地建设和发展急需的管理和技术人才。通过互联网等现代化、高科技教学手段，积极开展岗位业务培训，实行自然保护地管理机构工作人员继续教育全覆盖。

(5)加强科技支撑和国际交流

设立重大科研课题，对自然保护地关键领域和技术问题进行系统研究。建立健全自然保护地科研平台和基地，促进成熟科技成果转化落地。加强自然保护地标准化技术支撑工作。自然保护地资源可持续经营管理、生态旅游、生态康养等活动可研究建立认证机制。充分借鉴国际先进技术和体制机制建设经验，积极参与全球自然生态系统保护，承担并履行好与发展中大国相适应的国际责任，为全球提供自然保护的中国方案。

10. 保护方案及实施案例

(1)巧家五针松的保护

巧家五针松又称五针白皮松(*Pinus squamata*)，属松科松属。巧家五针松分布于云南省昭通市巧家县，因而得名。巧家五针松在1990年3月首次被发现，1992年西南林业大学李乡旺教授发表并将其命名为五针白皮松，1999年8月国家林业局发布《国家重点保护野生植物名录(第一批)》，以巧家五针松为其中文名。2002年，云南药山省级自然保护区升格为国家级自然保护区，将其分布区及周围1193 hm^2森林纳入保护区总体规划，巧家五针松从此成为保护区最突出的一个亮点。巧家五针松属古老孑遗植物，是阐明松属系统演化非常有价值的物种。最近一次考察发现，分布于云南省昭通市巧家县白鹤滩镇杨家湾村樟木箐(半阳坡)和中寨乡(半阴坡)付山村徐家湾同一山体相背的两个坡面上，其中樟木箐现存22株，徐家湾现存14株，树龄在45年左右的占了11株，最小的3株11年左右，最大的3株60年左右，有3株生长状况不良。从年龄结构和大小级结构分析，巧家五针松种群幼苗和幼树缺乏，自然更新差，年龄结构偏大，种群呈衰退迹象。加上种群个体数量太少，容易受各种随机和非随机干扰的影响而导致种群灭绝。

(2)巧家五针松保护工程的实施

堪称植物界大熊猫的巧家五针松自1992年发表后，引起了国内外学者的高度关注，其天然个体极端稀少，仅34株，分布于云南药山国家级自然保护区内不足1 km^2 的极狭窄区域，根据世界自然保护联盟(IUCN)1994年正式通过的濒危物种等级系统，五针白皮松属于极危物种。已被国务院批准列为国家一级保护野生植物。2008年，由于其极为濒危而列入极小种群进行保护。

在该物种被发现之初，针对巧家五针松种群数量稀少，保护好现有的个体是进行科学研究和发展的基础，巧家县委、政府对该物种的保护十分重视，在地方财力极度紧张的情况下，聘请专门的巧家五针松巡护员，对巧家五针松及其栖息环境采取了封禁措施，严加管护。2005 年成立药山自然保护区杨家湾管理站，对天然居群及其生境实行了更严格、规范的保护。随着对该物种研究的深入，从多个方面探讨了造成巧家五针松极度濒危的机制，并提出保护和发展的对策建议。利用已有的研究成果，在采取严格的保护措施的同时，竭力利用种源进行了近地保护繁殖和归化，逐步扩大种群的个体数量，以降低因火灾等偶然性因素导致该物种灭绝的概率，为进一步扩繁和迁地保护该物种奠定坚实的技术基础和种质基础。积极与科研院所合作，先后与西南林业大学(原西南林学院)、云南大学等开展了育苗及定植技术合作研究，取得了初步成果。

1993—1997 年西南林学院李乡旺项目组在昆明市西南林学院校园内、一平浪林场进行了异地定植试验，林木表现良好。

1996—1997 年李乡旺课题组用巧家五针松离体胚进行组织培养，已成功从其子叶诱导出大量愈伤组织及不定芽。证明利用组织培养技术，可以获得大量种质材料，在现代种质保存技术条件下，长期保存巧家五针松种质。该课题组还进行过巧家五针松松针扦插、枝条扦插、幼枝嫁接的小规模实验，初步探索了各种无性繁殖方法，为扩展巧家五针松种质保存和扩大实验、种植材料来源打下了技术途径基础。

2004 年与云南大学等单位合作的“巧家五针松、云南黄连、桃儿七三种珍稀濒危资源植物保护生物学调查研究项目”，进行了保护生物学、异地苗木繁育、育苗技术探索等研究。

2008 年冰冻雪灾后，在云南省委、省政府的关心下，实施了“巧家五针松近地保护项目”，在采取拯救措施的同时，加强母树及其周边生境的保护，促进母树恢复健康生长；强化对育苗、造林技术的研究；搞好近地归化保护，尽快扩大种群；并促进树种的园林应用，拓宽种质资源保护途径，进而达到保护该极小种群的目的。

2010 年实施了“珍稀濒危物种巧家五针松野外救护项目”，项目实施期为 1 年，建立了巧家五针松物种档案；针对巧家五针松的病虫鼠害开展调查，在果期进行鼠害防治，在育苗、移栽阶段实施病虫害防治；采集种子开展繁育工作；以召开村民大会、发放宣传册等形式，对巧家五针松栖息地周边群众开展环境教育的宣传。

巧家五针松现存野外居群已全部划入云南药山国家级自然保护区，每株挂牌编号、登记在册、安排专人负责巡视保护，对周围居民的宣传教育已家喻户晓，十余年来杜绝了火灾等危险性因素对该物种造成的灭迹威胁，并竭力利用种源进行人工扩繁。

1997—2005年巧家县林业局、云南药山国家级自然保护区已在巧家县樟木箐村边、巧家营村大沟；西南林学院李乡旺项目组在昆明市西南林学院校园内、一平浪林场；2004年云南大学胡志浩项目组在巧家及昆明花红洞珍稀濒危植物繁育基地等地，进行了8个批次较大规模的种子育苗、幼树栽培实验，取得了初步成功。

2005—2011年云南药山国家级自然保护区管理局共利用有限的种子人工繁殖7批次，共育苗6500余株，已近地归化定植5000余株、101.5亩，成活率除局部地段外，高达85%。在原生个体及其生境得到很好保护的同时，种群数量逐步扩大，极大地降低了偶然因素导致该物种灭迹的概率。社区公众保护意识和参与意识明显增强，营造了良好的保护氛围。

巧家五针松在上级主管部门的大力支持、当地党委政府的高度重视、社会各界的关心支持、社区群众的努力配合下，通过十余年的保护，取得了显著的成绩，使天然居群得到很好的保护，天然个体没有因为自然及人为因素而减少，近地归化定植初步取得成功，种群数量(人工)不断增多。

(3)云南药山国家级自然保护区的建立

2005年经国务院批准将药山正式列为国家级自然保护区，其是以保护包含巧家五针松在内的多种珍稀濒危植物以及常绿阔叶林生态系统为重要目标的自然保护区。其中杨家湾片区虽然面积仅占整个保护区面积的5.39%，却是巧家五针松仅存的原生分布区域。药山国家级自然保护区的前身是1984年4月5日云南省政府批准建立的药山省级自然保护区，划定面积10 215 hm^2，并在药山镇设立了药山自然保护区管理所。1990年以来，由于在县内的杨家湾发现了巧家五针松群落(国家一级保护野生植物)，以及在金沙江边发现国家二级保护野生植物——攀枝花苏铁群落，保护区范围扩大。2003年进行自然保护区科学考察总体规划时，正式确定了保护区边界，面积扩大到20 141 hm^2，直至2005年国家级自然保护区的正式成立。由此可以看出，国家对于珍稀濒危植物的保护非常重视。

(4)关于巧家五针松的科学研究

有学者分析，五针白皮松是一分布区正在收缩的古特有种，具有明显的孑遗性质。五针白皮松种群数量的不断减少表明了它对现代生态环境的不适。这种不适首先表现在它对干旱及间歇性干旱的适应能力不强。此外，五针白皮松的濒危还受下列因素影响。

①有效种子数量少。现有五针白皮松能结实的仅6株。实测球果实际产种量仅为理论产种量的45.1%，其中空粒率为40%。

②种鳞构造不利种子脱落。五针白皮松木质种鳞横切面呈曲瓦状三角形，中央厚度较大，种鳞不易张开到足够使种子脱落的程度。张开角度还随空气湿度而变化。再者种鳞与种子接触处有一突起限制了种子的脱出。

③种子的发芽势弱。实验表明仅保持种子在发芽皿中的湿润状态而不做其他催芽处理，2~3个月中80%的种子不萌动。

④人为活动的影响。农村房舍离五针白皮松分布地太近，人为活动影响过大，砍伐烧柴后留下的空间被杂草迅速占领，使林下光照不足，幼苗不能正常生长发育。

(5)巧家五针松保护的发展方向

巧家五针松是云南药山自然保护区的一张王牌，也是巧家、甚至云南野生生物资源的代表之一，我们将在县委、政府的领导下，争取各级业务主管部门的支持，切实加大保护生物多样性宣传，取得社会各界的理解、支持，广泛动员社区群众的参与，使生物多样性保护成为公众的一种理念和社会行为，为巧家五针松保护创造良好的社会氛围，努力构建生态文明。在严格保护巧家五针松天然居群及生境的同时，在已有成果的基础上，以项目为载体，加大与科研院所的合作，进一步探索扩繁途径，探寻巧家五针松幼苗不明病原物根腐病防治、无性繁殖(嫁接、扦插、组培等)技术；充分利用种子和其他繁殖材料，提高繁殖效率和扩繁速度，为近地和迁地保护提供苗木保障，不断扩大归化面积，以期在较短时间内摆脱极度濒危状况，改变巧家五针松极度濒危的局面，同时为这一优良的园林景观及用材树种推广积累经验和创造条件。

任务实施

以小组为单位自选当地面临威胁的保护物种，开展相关调查，收集该物种的基础资料，明确其基本情况和保护现状，讨论可采取的保护措施。完成调查后，针对该物种设计保护方案并给出方案的预期展现效果。

任务记录

1. 保护物种选取

____

____

2. 基本情况

3. 保护现状

4. ××物种保护方案

任务启示

任务实施完成后，对所获得的知识感悟进行总结。

任务评价

以小组为单位进行活动评价，分别从物种选取、基本情况、保护现状、保护方案及展现效果等方面，进行组内自评、组间互评和教师评价(表3-3)。

表3-3 考核评价表

组号		姓名				日期	
序号	评分项目	分值	组内自评	组间互评	教师评价	平均分	说明
1	物种选取	20					
2	基本情况	20					
3	保护现状	20					
4	保护方案	20					
5	展现效果	20					
	总　分						

任务 3-3 认识生物多样性与森林文化的关系

任务描述

在所在地选择某一道教森林保护区域，以小组为单位对该区域的文化传承及典型植物群落进行调查，并形成讨论，认识森林文化与生物多样性保护之间的关系。

知识准备

生态文明是人类文明发展的一个新阶段，是继渔猎文明、农耕文明和工业文明之后的世界社会伦理化的文明新形态，是人类为保护和建设美好生态环境而取得的物质成果、精神成果和制度成果的总和。实现中华民族的伟大复兴，实现美丽中国梦，必须走生态文明之路。然而，若想在工业文明的生态废墟上创建生态文明，就必须吸收人类自诞生以来世界各种族、各民族、各国家长期积累的生态文化，而生态文化的核心内容之一就是森林文化。

地球总生态系统由千万个子生态系统构成，但主要的骨干支撑系统有 3 个：海洋生态系统、森林生态系统、湿地生态系统。其中森林生态系统是陆地生态系统中面积最多、最重要的自然生态系统。森林是人类赖以生存和发展的资源和环境，是地球上的基因库、碳贮库、蓄水库和能源库，对维系整个地球的生态平衡起着至关重要的作用。

古代人类源于森林，依托森林，靠采集和捕猎为生。农业生产力的发展，使得人类对森林资源的利用更加娴熟，但对森林始终保持敬畏和感恩之心。在这样的发展过程中，人类与森林及其中的动物、植物、微生物发生了化学反应。人类不仅从自然获得了自然资源，而且创造性地提炼了丰富的森林文化，森林生物多样性也因人类森林文化的佑护得以延续。

1. 森林文化的内涵与特征

(1) 森林文化内涵

国际上对森林文化的研究较早，德国是最早进行森林文化研究的国家。林学创始人柯塔在 19 世纪初出版的《森林经理学》一书中曾指出“森林经营的一半是技术，一半是艺术”。他认为，是森林培育了德国的文化、科学和国民精神。20 世纪后，森林文化的研究和教育在欧洲各国普遍开展。中国现代社会对森林文化的研究，最早可以追溯到1917年清华大学卢默生先生关于国门开放后《中国林务对于工业及社会的价值》的论断，而真正对森林文化的系统研究应该源于1989年叶文凯先生关于《森林文化若干问题思考——一种被遗忘的价值体系》一文。文中从“森林文化是森林对文明的指示物”“森林文化是森林与文明的溶合物”和“森林文化是森林对文明的催化物”3个层次对森林文化的价值体系进行了论述。

中国国内当前对于森林文化概念的认识主要有以下几种。

叶文凯提出，森林文化是人类凭借森林资源而创造出来的一种价值体系。

蔡登谷认为，森林文化是人们在长期社会实践中，人与森林、人与自然之间所建立的相互依存、相互作用、相互融合的关系，以及由此而创造的物质文化与精神文化的总和。

徐高福等认为，森林文化有广义和狭义之分。广义的森林文化指人类创造的以森林为中心内容的物质文明和精神文明的总和，其中的精神文明可称为狭义的或严格意义上的森林文化。

郑小贤等认为，森林文化是以森林为背景，以人类与森林和谐共存为指导思想和研究对象的文化体系，是传统文化的有机组成部分。经进一步研究，他认为森林文化是指人对森林(自然)的敬畏、崇拜与认识，是建立在对森林各种恩惠表示感谢的朴素感情基础上的，反映人与森林关系中的文化现象。

新球提出，森林文化是指人类在社会实践中，对森林及其环境的需求和认识以及相互关系的总和。

张福寿则认为，森林文化是人与森林交互作用的产物，包括人类对森林认识、经营过程中产生的各种社会现象，也包括森林对人类认知过程产生的一系列响应，是人与森林之间的一种互动关系。

黎德化认为，所谓森林文化，就是人类在处理与森林关系的活动中所体现出的人类本质特性以及这种特性的自觉表达。

综上可以看出，学术界对于森林文化的概念并没有形成统一的认识，也没有给出较官方的定义。但这些不同的概念中也有一些共识，那就是森林文化一定是以森林为载体，且森林文化体现了森林与人的种种关系。因此，编者对于森林文化的定义是，森林文化是人类与森林长期相处过程中产生的文化现象，是处理人与森林、人与自然关系时的互动方式的综合反映。

(2)森林文化特征

吴庆刚认为，森林文化具有先进性、渗透性、群众性、基础性、系统性、独特性、复杂性7个特征。杨青芝则又将这些森林文化特征总结为生态性、民族性、地域性、人文性 4 个特征。

①生态性。森林文化的生态性是森林文化最显著的特征之一。生态性即从生态学出发，协调自然与人之间的关系。分析全球性生态危机成因，森林的破坏在其中占有举足轻重的地位。科学家曾表示，假如森林从地球上消失，陆地上 90%的生物将灭绝；全球 90%的淡水将白白流入大海；生物固氮将减少 90%；生物放氧将减少 60%；同时将伴生许多生态问题和生产问题，人类将无法生存。而森林文化无论从物质层面、制度层面还是精神层面，都将为生态危机的解决提供保障和支持。

②民族性。森林文化的民族性指不同民族在认识和利用森林过程中表现出的不同森林背景和不同文化品位。很多少数民族处于不同的历史背景和山地森林环境，其宗教、风俗、习惯、情趣、生活方式和生产方式在表达上显现出个别性和差异性。正是这种个别性和差异性，造成了森林文化的多样性和丰富性。在西方森林文化中，认为树木是一种不可理解的超越自然的物体，从而产生出对树木的敬畏和崇拜，无论在宗教、神话还是民间传说中，都赋予了树木神的光环。例如，美索不达米亚平原的苏美尔人把宇宙看作从海洋中生长出的巨大无比的树木。中国森林文化中也有树木敬畏和树木崇拜现象，但与西方浓厚的树木神学色彩不同，而是具有浓郁的民族特色和现实的人文色彩，如重人世而不重仙界的人文情结，中国人往往更看重的是森林的物质价值和审美价值。

③地域性。森林文化的地域性，包括所在地民族特质，更多的是体现这一地域的地理和气候的特征。例如，日本典型的森林文化有照叶林文化和枹栎森林文化，俄罗斯有白桦林文化。中国版图辽阔，森林类型多样。北方和南方，干旱和湿润，山地和海岛，各有不同类型的森林分布，从而显示出不同地域森林文化的特征。福建、广东、台湾、沿海一带，广植榕树，城乡榕荫，随处可见，当地人对榕树特别崇拜，形成崇榕文化。海南以椰树为对象，椰树、沙滩、大海，构筑椰树文化。南方的林区如闽西北、湘西南、桂西南等杉木用材林区，植杉、护杉、用杉，并有“女儿杉”习俗，呈现的是杉文化。与南方的杉文化、棕榈文化、榕文化不同，北方是以柏文化、槐文化、柳文化为主。大家熟知的孔林、孟母林、关林等基本都由柏树组成。东北地区是红松故乡，沿袭的是红松文化。在东北大兴安岭地区，住桦皮屋、划桦皮船、用桦皮桶，形成有浓郁地方色彩的白桦文化。在其他地域，还有梅花文化、桃花文化、茶文化、竹文化、漆文化和枣文化等。

④人文性。森林不仅对人类有巨大的经济价值，有可直观感知的美学价

值，还具有深厚的人文精神借鉴价值。森林文化的人文性，指以森林为载体所表现的人文精神。此时的森林已不单指一般物质的概念，而是融入人类精神的一个文化符号。例如，以松柏象征挺拔独立、四季常青，以竹比喻虚心劲节、刚直不阿，以梅表征凌霜傲雪、独步早春，以榕叙述憨厚慈祥、从容大度。此外，胡杨的宁死不屈、凤凰木的热烈奔放、玉兰的素洁飘逸、柳树的婀娜多姿、桑梓的厚实稳定、木棉的新奇瑰丽等，集中体现森林的独立、坚韧、包容、固守、协作等精神内涵。这些森林中的群体或个体，都能通过人的情感寄托与艺术的加工而成为具有人文精神和人格力量的象征物或环境客体，展现了森林文化的人文性。

(3)森林文化理论形态

森林文化理论主要涉及森林哲学、森林伦理学和森林美学等，这些理论是研究和学习森林文化的基础。

①森林哲学。

a. 森林哲学的研究对象：森林哲学以生态世界为研究对象，研究生物、生命、生态、生物链、生态位、生物圈，也称生命哲学，属应用哲学，强调特殊性，是传统哲学研究物质、运动的具体化。

b. 森林哲学的主客体关系：森林哲学认为，自然是主导、主体，人类是由自然派生的，是第二位的。森林哲学强调的不是“人类与自然”的关系，而是“自然与人类”的关系，是主体间性哲学或整体性哲学。自然是本、本体，人类是末、现象，森林哲学以自然为本，传统哲学以人为本，但两者殊途同归。

c. 森林哲学的认识路径：森林哲学继承了传统哲学的二分法，同时还讲三分法，一分为三；讲多分法，一分为多。承认物质的多样性、社会的多样性和生物的多样性。没有多，无法解释多种经营模式、多种所有制结构、多树种造林和现代多功能林业。但二分法、三分法、多分法最终要归一，成为一个系统。用系统的方法，解释林业问题。一元太极，二元对立，涵三盖一，多样统一，系统方法，这便是森林哲学。

d. 森林哲学的基本范畴：森林哲学描述生命和生态，既强调生、有形的、看得见的一方面，还强调死、否定、清除和循环的另一面。这就是“○”这一森林哲学的基本范畴。任何数乘以0都等于0。因此，“○”是对任何数的否定和清除，呈现一个无形和看不见的世界。在生态领域，正因为有“○”的分解和清除这一环节，不断让出生态位，才使万物生生不息。“○”的第二层含义是循环，从起点到终点的圆圈，自然界的消消长长，生生死死的循环，自然万物不断更生和创新。无中生有，有是从无、从“○”、从“空”中产生的。否定—肯定—否定，死—生—死。“○”在其中起到了不可替代的作用。当下经济社会出现诸多问题，正是因为缺乏良性循环这一中间环节。21 世纪的关键词是循环，循环经济、循环社会是未来的基本方向和模式。

e. 森林哲学的评判标准：森林哲学认为，自然的方向和生态的方向决定了人类的方向。以人类为中心不是唯一的标准，以生态为中心才是最终标准。好的生态最终有益于人类，为人的目的而服务。因此，以生态为中心，这是人类安身立命之本。把生态保护好，就什么都有了。

f. 森林哲学的功能定位：传统哲学认为，学习哲学，不仅在于解释世界，更重要的在于改造世界。传统哲学强调人的主观能动性，把改造世界、把自然界人化或人工化看成是哲学的主要定位。森林哲学则相反，认为人类对自然的改造不但要遵守自然规律，还要受到自然阈限的限制。这就是说，不是一切自然界的东西都应人工化，如天然林、自然保护区、湿地、荒野、冰川等，则不能触动，即本底资源是不能触动的。除商业性森林外，还包括生态公益林、城市森林、森林公园等，只能在整体保护下进行若干改造。自然是本底、基础和根基，人工只是由自然派生的一种产物。七分自然，三分人类。没有人工不行，但什么都人工化，人类离世界末日也就不远了。

g. 森林哲学的遵循法则：现代社会主要遵守价值规律，发挥市场在资源分配中的基础性作用，讲效率、效益和速度。森林哲学则认为人类应当遵循生态法则，顺其自然。当人类按主观愿望安排自然时，自然未必这样想。不能求快，不能走捷径。人工林树种单一、生态脆弱，显示人类的浮躁和浅薄。相反，天然林树种多样、结构稳定，显示自然的厚德载物。自然按既定轨迹运行，虽然速度缓慢，但创造出生物圈，创造出生物多样性，创造出人类。自然是真正的大师，人类只是工匠。自然能制定规律、规则、标准，从某种意义上讲，人类只是自然的模仿者和守望人。

h. 森林哲学的观察视野：传统哲学注重物质世界，关注技术圈。随着经济的全球化，地球越来越小，整个地球可以看作一个村庄。但森林哲学关注生命万物，认为随着人类社会生产力的不断发展，人类愈来愈感到仅仅关心和关爱人类全体是不够的，人类共同体必须向动物世界、生物世界和生态世界延伸。也就是说，当地球村越来越小，生命共同体则越来越大。这是森林哲学与传统哲学的一个很大不同。人类生活在 4 个世界中：在物质世界，以人为本，实行人道主义；在动物世界，实践动物解放论和权利论，实行兽道主义；在生物世界，实行生物中心主义；在生态世界，实行生态中心主义、大地伦理学和深层生态学。人类不能单独生活在物质世界，生活在技术圈内，还要关爱动物，但又不能过于亲近；要关心生物，又要保持一定距离；要呵护生态，又不与之等同。这就是人类的态度，也是森林哲学与传统哲学的差异。

i. 森林哲学的终极目标：森林哲学既看到生态系统中捕食和被捕食间的竞争、优胜劣汰，也看到生物间的相互妥协与和解。与其消灭对方，不如让大家共同生存，这就是自然界共生法则。这就是“和”的哲学。森林哲学是和的哲学，既“和而不同”，讲究生物多样性；又“和实生物”，讲究生态的整体性。这是森林哲学的目标。竞争是手段，和谐才是目标。今天，我们对内提出和谐社会，对外提出和谐世界。正如季羡林所说，“和谐”这一伟大理念是中华民族送给世界的一个伟大的礼物，希望全世界都能够接受我们这个“和谐”概念。

②森林伦理学。

a. 基本问题：生态伦理学作为伦理学的一个应用性分支，主要揭示环境或生态道德的本质及其建构规律，随着工业化的破坏性发展而广受关注。它以“生态伦理”或“生态道德”为研究对象，从伦理学的视角审视和研究人与自然的关系，要求人类将道德关怀从社会延伸到非人的自然存在物或自然环境，呼吁人类把人与自然的关系确立为一种道德关系。

在生态伦理学的研究中，关于土地伦理、森林伦理、河流伦理等方面的研究最多。森林是地球陆地上最重要的生态系统，在人类与森林背离的今天，人们越来越认识到森林的重要性。古代“万物有灵论”和“自然有机论”的思想形成了原始的森林伦理主张；近代“明智利用”的森林伦理原则为森林经营管理提供了标准；以大地伦理学、深层生态学和自然价值论为代表的现代西方伦理思想，为探究森林新问题提供了深厚的理论基础。

b. 森林伦理学的理论基础：

• 大地伦理思想：大地伦理思想是森林伦理思想发展的基础。20 世纪 30 年代，生态学的发展促进了人类对森林的伦理思考，进一步扩展了共同体的观念：从人类共同体延伸到非人类共同体，乃至整个大地。1933 年，美国生态学家、近代生态伦理学之父利奥波德在《保护伦理》中明确提出，大地有持续存在的权利。而后他又在《沙乡年鉴》(1949)一书中系统地提出了大地伦理，其中建构了整体论的生态伦理方法论，把包括土壤、水、植物和动物在内的一切存在视为大地共同体的平等一员和公民，它们都有持续存在的权利，或者在自然状态下的权利。利奥波德的“大地伦理学”对环境伦理学具有划时代的贡献。大地伦理学的理论结构由自然生态观、生态整体主义方法论和生态伦理规范 3 个部分组成。

• 深层生态学：深层生态学于 1973 年由挪威哲学家阿伦·奈斯提出。深层生态学将生态学发展到哲学与伦理学领域，提出生态自我、生态平等与生态共生等重要生态哲学理念。尤其是以人与自然平等共生、共在共容的内涵为主要内容的生态共生理念更符合当代价值判断。

深层生态学思维方式的特点是，特别重视多样性，包括风格、行为、物种、文化的多样性；认为人类成熟是从“小我”到“大我”的发展；高层次的自我实现只能以朴素的生活作风为途径。

深层生态学提出了以下基本观点：

地球上人和人以外的生物的繁荣昌盛有其本身的价值(或内在价值)，不取决于其是否能够为人所用；

生命形式的丰富多样有助于这些价值的实现，而其本身也是一种价值；

除非出于性命攸关的需要，人类无权减少生命形式的丰富多样性；

人类生活和文化繁荣与人口的实质性减少是一致的；

人类对外部世界的干扰超过了限度，而且情况迅速恶化，因此必须改变政策；

意识形态的变化主要是力求提高生活质量，不是力求提高生活标准；

同意以上各点的人有责任促进必要的变化。

• 自然价值论：在奥波尔德的“大地伦理”、泰勒的“固有价值”等西方环境伦理思考之后，罗尔斯顿明确地提出了“自然价值”的概念并进行了系统的论证。其主要内容有：

自然中的价值是中立的，客观地存在于自然之中，自然及其万物的价值不是人类给予的；

无论从个体层面还是整体层面，自然的客观价值是一种不依赖他者目的的内在价值；

自然具有工具性价值、内在价值和系统价值 3 种价值。

自然价值理论的提出是对传统价值观的一个巨大挑战，涉及价值的来源、根据和尺度问题。罗尔斯顿的自然价值论体现了一种新的哲学范式，突破了传统的事实与价值截然两分的观念，从价值导出道德，将道德哲学与自然哲学紧密结合；创建了系统价值的概念，突破了传统的价值主客二分性，建构了生态系统主义世界观；将环境伦理理论融入实践，探讨了环境伦理学与现实生活相结合的具体途径，这为世界的可持续发展尤其是我国的科学发展观的实现提供理论支持。

c. 森林伦理思想的价值思考：20 世纪以来，自然生态经历了两次世界大战的摧残和现代工业社会的极大冲击。人类痛定思痛之后，对现代科学技术、工业生产方式、生活方式都开始反思，并进行生态研究和实践，森林伦理思想也随之进入理论化、系统化和多样化发展的轨道。目前，具有代表性的观念主要有人类中心论、非人类中心论和人与自然协同进化论。但最终森林伦理研究的出发点、最终目的和评价标准，不是人类中心论和非人类中心论，而是人与自然的协同进化论。

人类中心论的森林伦理思想，是人类中心主义的环境伦理学的组成部分。人类中心主义的森林伦理思想主要有两种：一种是墨迪人类中心主义的现代观，另一种是诺顿强化的人类中心主义和弱化的人类中心主义。人类中心主义的森林伦理基本上是人类伦理，森林的价值几乎完全由森林在市场和人类社会体系中的分量来决定。在这种伦理体系中，森林只有满足人类的价值，没有满足其自身生存和健康的价值，人们也不从森林本身的内在价值来考虑人与森林的关系。

非人类中心论的森林伦理思想认为，森林生态系统中存在自然“道德”。自然“道德”的主体是森林，它们具有内在价值，值得人类尊重，而且人作为森林生态系统、生物圈和生态过程中的有机组成部分，其行为也应该遵守生物共同体的行为。具有代表性的理论主要有施伟兹的“尊重生命的伦理学”、辛格和雷根的“动物解放论”、泰勒的“尊重自然的伦理学理论”、利奥波德的“大地伦理学”、福图玛等人的“协同进化论”、拉弗洛克的“盖娅智慧——生物圈伦理学”、塞欣斯的“深生态学”等。这种思想方法的基点是把森林的原发自然性视作是至高无上的，强调森林的自然性，否认任何人类的干预。

人与自然协同进化论是20世纪60年代以来，学者们在对人类中心主义和非人类中心主义伦理观念提出质疑后，产生的一种折中主义的理论。这种新的把人作为自然组成部分的协同进化的生态学说，是新世纪关于可持续发展的理论，是森林伦理思想的重要基石，其伦理的核心是建构人与自然相互依存、相互作用的关系伦理。

③森林美学。美学从其创立到现在不过230多年的时间，美学是研究人对现实的审美活动的特征和规律的科学。森林美学是美学研究的重要组成部分，主要研究人对森林审美规律的理论。研究内容包括作为审美客体的森林美的本质、特征，森林美的类型、构成；审美主体对森林的审美感受，审美心理特征，森林美的欣赏，美育；森林美的创造、开辟和保护等。

a. 森林美学的发展史：

• 森林美学思想的酝酿：森林美学思想的萌芽可以追溯到18世纪。当时，德国受到正在英国兴起的风景园林的影响，出现了用于享乐的园林艺术向林业上推移的现象。1791 年，英国出版了 Wiliam Gilpin 的《森林风景论》，专门论述了森林风景的构成和美的特征，为森林美学提供了最初的思想材料。

1824 年，德国著名林学家 V. D. Borch 在他主编的《森林》杂志上开始发表有关森林美的文章，试图对森林美化给以规范。1830 年，他又发表了《森林美论》一文，重点批驳了经济主义至上者对其观点的批评，认为施业林的经济要求和美的社会效益是一致的，并提出"森林美论"应该作为一门应用美学进行建设。

Gottlob Konig 是与 Borch 同期的林学家和林务官，他在晚年著有《森林抚育》一书。其中专门写了"森林美化"一章，他以自己的实践经验总结了森林美化的方法，并指出森林美的重要意义。他和 Borch 一起作为森林美学的先驱，在森林美学史上占有重要地位。

1855 年，德国近代著名林学家 Burckhardt 创作了《播种和植树》一书。其中设了"森林美化"一章，继承和发展了 Konig 的思想，是森林美学史上的重要文献。在这之后，Prediger 和 Thormahlen 都曾写过《森林美论》，其基本观点和 Burckhardt 一致，另外还特别讨论了森林向公众的开放问题。另有几名德国学者也从森林效益、森林美的意义、森林风景保护区方面进行了研究。

• 森林美学的创立：森林美学作为一门科学，是由德国林学家 V. Salisch 创立的。V. Salisch 出生于名门望族，毕业于山林学校，做过短期林务官，28 岁时辞职回家经营祖上的邑地。他在波斯太尔建造馆邸、教堂，购买大片森林并亲自管理。他在该林区 $700hm^2$ 的林地上，实行了独特的间伐法，进行美化试验。1885 年，在继承前人森林美学思想和总结自己实践经验的基础上，写成《森林美学》一书，并在柏林出版，标志着森林美学作为一门独立学科的诞生。

《森林美学》分为上下两篇。上篇是基础理论，即森林美论。下篇是森林美学理论的应用，即森林美的创造，有人把这一部分称作"森林艺术"，该部分无论从内容上还是从分量上看，都在其学说体系中占有极其重要的地位。《森林美学》一书的问世，使森林美学思想实现了突破性飞跃。

• 森林美学的新发展：从 V. Salisch 森林美学学说的发表到 20 世纪初，森林美学的理论发展又进入了一个新的阶段。一方面，对《森林美学》的评介、争论、批评和反批评，带来了森林美学知识的普及与发展；另一方面，资本主义工业的迅速发展，城市人口急剧增加，随之而来的是严重的环境污染、生态破坏，人们渴望大自然的复归，掀起自然保护运动，这又给森林美学的发展带来了良好的时代契机。

进入20世纪，森林美的创造又出现了新的面貌，表现出新时代的特征。以自然式(和规则式相对)处理施业林，从而达到森林经济目的和美的要求的统一，成为明显趋势。其代表人物是德国的Buhler和A. Moller。Buhler著有《建立在科学和实验基础上的造林学》一书，他认为保持森林自然状态的方法就是森林美化的主要手段，就是保护和创造了美。A. Moller先后发表了《森林美学要求和经济要求的统一》《恒续林和森林美学》等著作和论文。他从恒续林思想出发，认为林学家从事的森林艺术活动对于林业的关系，就像建筑艺术之于建筑业的关系一样，它能使林业达到高度完善的目标。这就是把森林生长发育的自然规律和森林的经济要求及美的要求结合为一体的森林艺术活动，是一种自由的创造性劳动。它会给人带来愉快和自豪，是一种艺术创造。

b. 森林美及其特征：森林不是林木个体的机械组合，而是由林木、林地以及与其互相作用的其他植物、动物、微生物、气候等因素组成的有机体。这些森林自然物的形象、自然属性正是构成森林自然美的物质基础。森林分为未经开发的原始森林和根据不同目的进行人为干预的人工林。前者完全以其原始状态的崇高博大的形象使人观察到群体生命自由运行的规律；后者则表现了人对自然规律的掌握和合目的性的创造，它不但内容上符合实用功利目的，而且在形式上提高了森林自然美的质量，这正是森林美的本质所在。

森林美具有自然美的一切特征，但又有其自身的特殊性，表现为以下几点。

- 规模性和交融性：森林规模宏大，既可外赏，又可内观，内外景观不同；既是欣赏对象，又是欣赏环境，主体、客体、环境和谐统一。作为观赏对象，森林规模是巨大的，人的视野往往不能囊括其整体形象。在林外，登高远望其外貌，苍苍林海，巍巍壮观；入其林内，仰视才见高大树冠，平视望不透林木群体，茫茫无际，深幽莫测。作为欣赏环境，人在其中游览移动，人在森林环境中感受森林的美，森林环境包裹着主体，主体又观察着森林物象，三者交融作用。

- 易变性和多样性：同一片森林，树龄不同，森林面貌就不同。一般来说，幼龄树和壮龄、老龄树相比，审美价值要低；同龄林木，由于季节的变化，也会形成春、夏、秋、冬面目迥异的林相。就是同一树龄、同一季节，在不同的气象条件下，森林形象也是不同的。阴、晴、雨、雪、风、霜、雾、霭，晨昏、四时等的变化，森林的情态、意境也会截然不同。另外，随着游人视点移动，会出现不同风景画面，就像欣赏电影艺术那样，看到的是一个动态的森林风景序列。

● 象征性和功利性：森林美是以绿色为基调，并有着复杂结构的特殊生命世界。在大地的母体上，聚集养育着众多以森林为主体的绿色植物，而绿色植物又养育着森林动物，它们协调共处，生生不息。这种和人生意义相契合的自然物质环境，正是人类社会的写照，也是森林美的魅力所在。虽然个人审美是无功利的，但人类利用森林含有功利性。森林被称为“绿色的金子”，它不但为人类提供木材和其他林副产品，还能平衡生态、保护水土、调节气候、净化空气，从而起到卫生保健等作用。正是这种森林本身造成的特殊的欣赏环境，对审美主体和审美客体起到了协调作用，从而加深了美感效应。

c. 森林美的表现形式：从森林美的构成因素看，森林美表现为植物美、动物美、山水美。从森林美的规模划分，森林美表现为个体美、群体美和整体美，如一棵历经千年的古树，一群美丽的梅花鹿，一片神奇的原始森林。从森林美的特质出发，森林美表现为色彩美、声音美、形体美、神韵美。森林美的特质表现形式重点介绍如下。

● 色彩美：色彩是形式美的主要因素。树叶的颜色常因树种的不同而呈现不同的色相、明度和彩度，同一片树叶的颜色也会随季节或生命阶段的变化而变化。大多数树叶的颜色是绿色，但也有少数的红色、紫红色、红褐色等浓艳色彩。就绿色而言，又有深绿、浅绿、灰绿、蓝绿、黄绿之分。作为森林地被植物的野花，常常有红、黄、蓝、白、紫、杂色等色彩，五彩缤纷的花朵，点缀林间，更显得色彩斑斓。在森林内，树干的质地和色彩也能对视觉产生很大影响，所以树干的颜色、斑纹和质地也是构成森林色彩美的重要组成部分。例如，成片的白桦树树皮粉白，令人赏心悦目；青杨的树干，纹理细嫩光滑，颜色青绿，使人感到亲切而有生气。除了林木植物本身的固有色彩，气象因子色彩的参与也使其色彩更加生动，如大雪中的青松和红梅，林木与雪景相映成趣。除了植物，很多动物也有悦人的色彩，如形态丰富、羽毛绚丽的各种鸟类，色彩斑斓的蝴蝶等各式昆虫。

● 形体美：植物、动物、山水都会产生形体美。从外面远眺森林，起伏变化的林冠线勾画出来的线条，产生自然灵动的林韵。在林地内部，则能看出林木个体形态的丰富性。树木都有其固有形态，乔木树冠有球形、半球形、圆柱形、圆锥形、杯状、卵形、不规则形、垂枝形等；灌木又有扇形、匍匐状、蔓状等；乔木树干多是直立单干，但也有双干、斜干、曲干等；树枝形态有水平向的，上斜和下斜的，波状的、下垂的等；叶的形态更是多姿多彩，千变万化，总体可分为针叶和阔叶，阔叶有单叶、复叶之分，而单叶叶形又有圆形、椭圆形、圆方形、心形、扇形、披针形、马褂状、带状、羽状等。同一种树，生长环境、生长阶段不同，也能形成不同的树形。风、雪等外力的作用，会塑造别致的树形。形态千变万化的山石，有的雄伟险峻，有的秀丽幽静，有的峰岭连绵，有的山石奇特，如湖南张家界就因姿态万千的石柱闻名于世。

• 声音美：鸟类是森林中最使人悦目、娱耳、赏心的动物，鸟的鸣叫历来就被视作美的声音，被人类以口技、器乐所模仿。林中昆虫是另一种大自然的音乐家，林中辛勤采花嗡嗡作响的蜂群，夏日山林遍野此起彼伏的蝉声，秋夜悠长的虫鸣，都会给人留下难忘的美好记忆。另外，还有猛兽的嘶吼，雨后的蛙鸣。除了动物，山林中泉、溪、瀑布的水声，林木被风、雨吹打形成的涛声，也给人另一种美感。

• 神韵美：森林中的物象往往产生一种韵味、灵气，可以激发人的情感想象，这种韵味给人的感受有时远远超出了人对具体物像的反映。例如，松树树体高大壮观，绿色针叶经冬不凋，老松横枝凌空、苍劲挺拔，特别是在大雪之后，雪压青松，具有一种高洁的神韵，常令人感到崇高的美感并产生高尚的联想。林中山水相依，如同雄壮的男子与婉约的姑娘，相生相伴。山泉小溪、飞流瀑布，给人以自由欢快的美感。瀑布历来受到诗人画家的青睐："日照香炉生紫烟，遥看瀑布挂前川，飞流直下三千尺，疑是银河落九天。"山水林的完美结合，总会给人类留下无限遐想的空间。

d. 森林美的欣赏：美感是由客观对象的审美属性所引起的主体情感上愉悦的心理状态，是包括感受、知觉、想象、情感、思维等心理功能在审美对象的刺激下交织活动形成的心理状态。人对森林的审美感受是人在森林美的属性刺激下，产生的一种愉悦的心理状态。在森林审美活动中，人们既可以得到悦目、娱耳、赏心、怡神的美感享受，又可得到性情和道德情操的陶冶，提高精神境界。

人们不同的社会实践、生活方式、社会地位、政治经济利益、文化教养以及心理状态等，会造成人的审美观点、审美标准和审美能力的不同。因而，对同一审美对象往往也会产生美感差异。

e. 森林美的创造：森林美的创造，就是人们根据自己对森林风景的审美要求、美的法则，按照森林有机体的生长发育规律和森林的经济效益、社会效益等目的要求所进行的创造和改造、美化森林景观的实践活动。森林美的创造也带有艺术创造的性质，所以有人称其为森林艺术。

森林美的创造应当根据森林的不同类型和不同目的要求进行具体分析。总的来说，要考虑以下 4 个方面的问题：第一，森林的自然生长规律是森林美化的首要条件；第二，森林美化注意突出和开发自身的自然美，切忌森林的庭园化和公园化；第三，森林美化应根据森林的不同类型采取不同美化措施；第四，森林美化应当考虑欣赏者的因素，既考虑一般人的要求，又考虑到群体差异。

(4) 森林文化表现形式

森林文化涵盖内容广泛，包括技术领域的森林文化和艺术领域的森林文化两大部分。技术领域森林文化是指人类在开发利用森林过程中积累的文化资本，多为生产性文化现象，如造林技术、培育技术、采伐技术、相关法律法规、森林计划制度、森林利用习惯等。艺术领域的森林文化是指反映人对森林的情感、感性的艺术形态表达，多为生活性文化现象，如诗歌、绘画、雕刻、建筑、音乐、文学等艺术作品。以下重点介绍艺术领域的几种代表性森林文化。

①森林诗歌。森林中的一切自古便是文人雅士灵感的源泉，我国古代诗词歌赋中有大量诗句与动物、植物有关。这些诗句或借物咏志，或睹物思人，或触景生情。近现代直至当代也有大量描写森林的诗歌、散文。在这些诗词中，以“松”“梅”“竹”“柳”“桃”“菊”“荷”最常见。

a. 有关松树的诗句：

何当凌云霄，直上数千尺。——李白《南轩松》

流而不返者，水也；不以时迁者，松柏也。——苏轼《送杭州进士诗叙》

霜皮溜雨四十围，黛色参天二千尺。——杜甫《古柏行》

人生不得为松树，却遇秦封作大夫。——李涉《题五松驿》

凛然相对敢相欺，直干凌云未要奇。根到九泉无曲处，世间唯有蛰龙知。——苏轼《王复秀才所居双桧二首》

自小刺头深草里，而今渐觉出蓬蒿。时人不识凌云木，直待凌云始道高。——杜荀鹤《小松》

寒暑不能移，岁月不能败者，唯松柏为然。——苏辙《服茯苓赋叙》

梧桐真不甘衰谢，数叶迎风尚有声。——张耒《夜坐》

君不见拂云百丈青松柯，纵使秋风无奈何。——岑参《感遇》

松柏本孤直，难为桃李颜。——李白《古风》

落落盘踞虽得地，冥冥孤高多烈风。——杜甫《古柏行》

偶来松树下，高枕石头眠山中无尽日，寒尽不知年。——贾岛《松下偶成》

岁老根弥壮，阳骄叶更阴。——王安石《孤桐》

青松寒不落，碧海阔愈澄。——杜甫《寄峡州刘伯华使君四十韵》

松树千年朽，槿花一日歇。毕竟共虚空，何须夸岁月。——白居易《赠王山人》

白金换得青松树，君既先栽我不栽。幸有西风易凭仗，夜深偷送好声来。——白居易《松树》

大夫名价古今闻，盘屈孤贞更出群。将谓岭头闲得了，夕阳犹挂数枝云。——成彦雄《松》

不露文章世已惊，未辞剪伐谁能送。——杜甫《古柏行》

兰秋香不死，松晚翠方深。——李群玉《赠元绂》

松柏何须羡桃李。——冯梦龙《警世通言·老门生三世报恩》

大雪压青松，青松挺且直。——陈毅

寄言青松姿，岂羡朱槿荣。——皇甫松《古松感兴》

b. 有关梅的诗句：

疏影横斜水清浅，暗香浮动月黄昏。——林逋《山园小梅·其一》

不经一番寒彻骨，怎得梅花扑鼻香。——黄蘗禅师《上堂开示颂》

墙角数枝梅，凌寒独自开。——王安石《梅花》

梅须逊雪三分白，雪却输梅一段香。——卢梅坡《雪梅·其一》

冰雪林中著此身，不同桃李混芳尘。——王冕《白梅》

江南几度梅花发，人在天涯鬓已斑。——刘著《鹧鸪天·雪照山城玉指寒》

驿外断桥边，寂寞开无主。——陆游《卜算子·咏梅》

寻常一样窗前月，才有梅花便不同。——杜耒《寒夜》

雪虐风饕愈凛然，花中气节最高坚。——陆游《落梅》

姑苏城外一茅屋，万树梅花月满天。——唐寅《把酒对月歌》

陌上风光浓处，第一寒梅先吐。——李弥逊《十样花·陌上风光浓处》

数萼初含雪，孤标画本难。——崔道融《梅花》

c. 有关竹的诗句：

新竹高于旧竹枝，全凭老干为扶持。——郑燮《新竹》

斑竹枝，斑竹枝，泪痕点点寄相思。——刘禹锡《潇湘神·斑竹枝》

山际见来烟，竹中窥落日。——吴均《山中杂诗》

西窗下，风摇翠竹，疑是故人来。——秦观《满庭芳·碧水惊秋》

掩柴扉，谢他梅竹伴我冷书斋。——沈自晋《玉芙蓉·雨窗小咏》

庭下如积水空明，水中藻、荇交横，盖竹柏影也。——苏轼《记承天寺夜

游》

凭阑半日独无言，依旧竹声新月似当年。——李煜《虞美人·风回小院庭芜绿》

过江千尺浪，入竹万竿斜。——李峤《风》

林断山明竹隐墙，乱蝉衰草小池塘。——苏轼《鹧鸪天·林断山明竹隐墙》

夜深风竹敲秋韵，万叶千声皆是恨。——欧阳修《玉楼春·别后不知君远近》

竹径通幽处，禅房花木深。——常建《题破山寺后禅院》

竹竿有甘苦，我爱抱苦节。——孟郊《苦寒吟》

历冰霜、不变好风姿，温如玉。——陆容《满江红·咏竹》

种竹淇园远致君，生平孤节负辛勤。——王汝舟《咏归堂隐鳞洞》

性孤高似柏，阿娇金屋。——陆容《满江红·咏竹》

竹树无声或有声，霏霏漠漠散还凝。——杜荀鹤《春日山中对雪有作》

擢擢当轩竹，青青重岁寒。——吕太一《咏院中丛竹》

迸箨分苦节，轻筠抱虚心。——柳宗元《巽公院五咏·苦竹桥》

竹怜新雨后，山爱夕阳时。——钱起《谷口书斋寄杨补阙》

归来三径重扫，松竹本吾家。——叶梦得《水调歌头·秋色渐将晚》

细读离骚还痛饮，饱看修竹何妨肉。——辛弃疾《满江红·山居即事》

②森林建筑。竹、木等都是房屋建造和其他结构中最古老的建筑材料，作为品质优良的建筑材料，竹木建筑在世界范围内都非常普遍。我国运用竹木建筑的历史非常悠久，现在还有一些生产生活与森林密切相关的少数民族，仍然在广泛使用这样的建材。

a. 竹建筑：据现代资料记载，全世界有竹类 70 余属 1200 余种，我国竹子有 39 属 500 多种。丰富的竹种资源，加上竹子生长快、繁殖力强，为竹制建筑提供了丰富的原料。其中，巨龙竹、龙竹、毛竹等均为较好的建筑材料。竹子在亚洲和南太平洋地区应用非常广泛，可以用来建造屋舍、亭台、桥梁等。在中国，竹子在云南傣族地区最为常见。在国外，以印度尼西亚、越南等国竹子的应用最具代表性。

中国云南傣家竹楼为杆栏式的建筑，造型美观，外形像个架在高柱上的大帐篷。竹楼是用各种竹料或木料穿斗在一起，互相牵扯，极为牢固。楼房四周用木板或竹篱围住，堂内用木板隔成两半，内为卧室，外为客厅。楼房下层无墙，用以堆放杂物或饲养禽兽。竹楼具有冬暖夏凉、防潮、防水、防震等特点。楼室高出地面若干米，潮气不易上升到室内，水也不会淹到楼室。竹楼为四方形，楼内四面通风，夏天凉爽，冬天暖和。

除了传统竹建筑，颇具现代时尚气息的竹建筑在印度尼西亚、越南等国也开始出现。越南河内竹之翼、印度尼西亚日惹的竹子教堂、巴厘岛世界上最大的竹制建筑、越南水与风咖啡馆、巴厘岛绿色校舍、哥斯达黎加竹屋、雅加达巨型竹伞、越南河内鸟形剧场等无不体现了竹子的力与美，体现了人与自然的和谐(图 3-1～图 3-8)。

图 3-1　越南河内竹之翼

图 3-2　印度尼西亚日惹的竹子教堂

图 3-3　巴厘岛世界上最大的竹制建筑

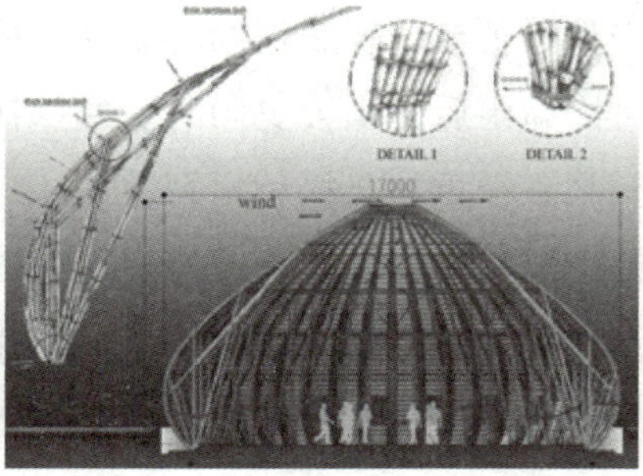

图 3-4　越南水与风咖啡馆

图 3-5　巴厘岛绿色校舍

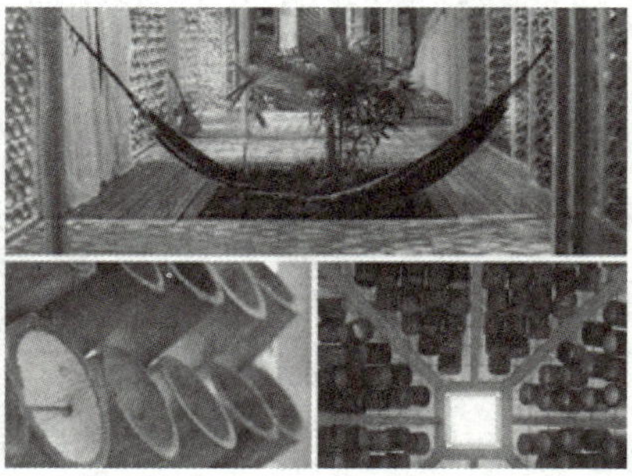

图 3-6　哥斯达黎加竹屋

图 3-7 雅加达巨型竹伞

图 3-8 越南河内鸟形剧场

b. 木建筑：森林为人类提供的最直接、最大的一个贡献便是木材，木材有多重用途，其中用作建筑材料的自古有之。全世界有裸子植物约 850 种；被子植物约有 33 万种，我国有 33 574 种，其中木本植物 8000 多种。许多树种都是优质建材，有些是非常珍贵的建筑材料，如黄花梨、鸡翅木、红木、榉木、楠木、桦木、柏木、樟木等。

木材作为建筑材料，有着悠久的历史。现今发现的最早的木构架建筑遗址是浙江余姚河姆渡遗址当时干栏式建筑的遗存，至今已有 6000 多年的历史；西安半坡遗址发现的木骨泥墙建筑至今有 5000 多年的历史。中国木结构古建筑有两大主要特色：一是数千年来始终保持以木料为主材；二是木柱和木梁组成的木构架体系为主要结构体系。台基、木梁架屋身和屋顶是中国古建筑的 3 个基本要素，其中屋顶是最美、最有特点的部分，而在技艺、工艺和科学方面，木结构屋身部分最登峰造极，木作技术在科学和美学两方面都取得了巨大的成功。故宫紫禁城的太和殿，是中国最高等级的历史建筑。另外，建于唐建中三年(782 年)的山西五台山南禅寺和佛光寺是我国现存最早的唐代大件木结构古建筑。还有始建于辽代的山西应县木塔，虽历经千年风雨、地震和战火，却依然挺立。

除了古代宫廷、寺庙木建筑，干栏式木楼也是一种非常古老的民居建筑形式。这种建筑形式是居民为了适应本地特有的自然地理环境而发展起来的民居形式，目前在中国壮族、傣族、布依族、土家族、侗族、黎族、普米族、纳西族等少数民族传统建筑中都可见到。云南地区纳西族、怒族、普米族等民族的木楞房是干栏式建筑的一种典型代表。

纳西族的木楞房以圆木为材料，平齐长度，两端砍出接口，首尾相嵌，构成四面墙体。然后再架起檩条，铺上木片瓦，压上石块，在墙体圆木间的缝隙抹上牛粪或泥，以避风寒。泸沽湖畔的木楞房多由四排房屋组成大小不等的四合院，正房是家人就餐、起居、储存粮食和杂物的地方，左边是经堂，右边是畜厩，对面是一幢两层楼的房屋，楼上分为若干间小屋，是成年男女与“阿夏”(情人)偶居的地方。

普米族的房屋多为木结构，正房一般长6.5m、宽3m，四角立有大柱，中央立一方柱，称“擎天柱”(普米语称“三玛娃”)，被认为是神灵所在的地方。屋脊架人字形横梁，用木板或瓦盖顶。四周墙壁均用圆木垒砌而成。这种房子俗称“木楞房子”或“木垒子”。一般分上下两层，上层住人，下层关牲畜或堆放杂物。

云南贡山一带的怒族最早的木楞房墙体一般用圆木相叠而成，墙体的4个角交叉处用刀砍出槽或用凿子凿成榫，将其穿牢固，造成屋架。柱顶用杈形榫架楼阁栅，再用藤篾绑牢。屋顶的盖法是在端山架上架脊柱子，上架脊桁。再由两侧墙顶架斜梁交于脊桁上，起屋架功能，承载整个屋顶的重量，组成屋顶的三角形空间，上架桁橼，用茅草、木板或贡山特有的薄石板盖顶。木楞房的结构多为两开间结构，一室为堂屋，一室为耳屋。后来，随着锯子等工具传入贡山，怒族开始用刨光的木板来代替圆木为墙。

③森林雕刻。自远古时代起，人类就以森林中获取的木、竹等为原材料进行雕刻。文字出现以前，古人在竹木上雕刻符号用以记事。后来，随着人们审美情趣的提高，雕刻逐渐成为一门艺术。

a. 木雕：木雕艺术起源于新石器时期的中国，距今7000多年前的浙江余姚河姆渡文化中已出现木雕鱼。秦汉两代木雕工艺趋于成熟，绘画、雕刻技术精致完美。施彩木雕的出现，标志着古代木雕工艺已达到相当高的水平。

唐代是中国工艺技术大放光彩的时期，木雕工艺也日趋完美。许多保存至今的木雕佛像，是中国古代艺术品中的杰作。宋代时期，木雕已采用组织细密的木材为载体进行制作，以利于木雕作品的传世。元、明时期海外贸易急速发展，许多由海外进口的硬质木材使木雕工艺得到长足发展。明、清期间是木雕艺术的一个辉煌时期，涌现出大量有史可考的名家、艺人及其作品，是古代木雕艺术的一个高峰。

木雕种类纷繁复杂，各大流派经过数百年的发展，形成各自独特的工艺风格。木雕流派大多是以地域区分的，如东阳木雕，乐清黄杨木雕，泉州木雕，广东潮州金漆木雕，福建龙眼木雕，北京宫灯，台湾木雕，宁波朱金木雕，云南剑川木雕，湖北木雕船，曲阜楷木雕刻，苏州红木雕刻，上海红木雕，南京仿古木雕，江苏泰州彩绘木雕，山西木雕，山东潍坊红木嵌根雕，上海黄杨、白木小件雕，辽宁永陵桦木雕，贵州苗族龙舟雕、面具雕，江西傩面具雕，湖北通山木雕、咸浦邦木雕，天津木雕，东山海柳雕等。其中最著名的是泉州木雕、东阳木雕、乐清黄杨木雕、广东潮州金漆木雕、福建龙眼木雕，这五大流派被称为“中国五大木雕”。

木雕工艺品是人们喜爱、收藏的艺术品类之一，种类很多，分类方法也不统一。据专家介绍，木雕大体可以分为工艺木雕和艺术木雕两大类。工艺木雕又可分为观赏性和实用性两种。观赏性木雕是陈列、摆设在桌台、几、案、架之上供人观赏的艺术品。它利用立体圆雕的工艺技术雕刻而成，常以飞禽走兽、花鸟鱼虫、海洋生物、十二生肖等为题材。实用性木雕是利用木雕工艺装饰的、实用与艺术相结合的艺术品，如宫灯、镜框、笔架、笔筒、首饰盒、储蓄罐以及家具雕刻等。艺术木雕构思巧妙、内涵深刻，能反映作者的审美观和艺术技巧，充分体现出木雕艺术的趣味和环保的材质美。艺术木雕通常具有较高的观赏价值和收藏价值。

b. 竹雕：竹雕也称竹刻，是在竹制的器物上雕刻多种装饰图案和文字，或用竹根雕刻成各种陈设摆件。竹雕在中国由来已久，早期通常是将宫室、人物、山水、花鸟等纹饰刻在器物之上。竹雕艺术自六朝始，直至唐代才逐渐为人们所熟识和喜爱，发展到明清时期达到鼎盛。明代的竹雕风格大多浑厚质朴、构图饱满、刀工深峻，而且线条钢劲有力，图案纹饰布满器身。清代前期的竹雕制品带有明代的遗风，但表现技法更为丰富多样，浅刻、浅浮雕的技法并用。有的雕刻作品雕刻简练、古朴大方，有的精工细作、纹饰繁密，变幻无穷。雕刻的方法主要有阴线、阳刻、圆雕、透雕、深浅浮雕、高浮雕等。

中国竹雕艺术于明末清初成熟后，流派逐渐形成。具有代表性的有嘉定派、金陵派、浙派、徽派。除了地区形成的流派艺术外，还有一些雕刻家在继承前人、推陈出新方面做出了贡献，发明了有别于地区流派之外的新技法。其中，最具代表性的是李耀、张步清、马根仙、邓孚嘉、尚勋、时学庭和时钰两兄弟等人。

明朝以前的竹雕作品，主要是日常生活用品、用具，其中也包括一些祭祀品。明清时期，竹雕制品从日常生活用具，逐渐发展为兼重实用性和艺术性的工艺品，其中还有一些为纯艺术性的陈设品。清前期，品种除笔筒、香筒外，臂搁、山水、人物等也被大量制造，制作秀雅有致。清后期，器物种类多为扇骨、臂搁等，也包括群仙祝寿、三羊开泰等大件题材，同时流行小像写真、篆刻金石文字及铭文诗篇，作品强调再现书画笔墨。

④森林音乐。所谓森林音乐，可以指森林本身传达给人类的听觉享受，也可以指使用森林竹木等材质制作的乐器演奏的音乐，还可以指以森林为题材创作的各类音乐。

a. 天然森林音乐：森林中的一切发声之物都可以产生最自然、最淳朴、最令人神往的乐声。小溪中潺潺的流水声，清晨打破沉静的鸟叫声，夜空下清脆响亮的虫吟声，雨后吵闹的蛙鸣声，风吹树枝的哀嚎声，雨打树叶的沙沙声……每一种声音都是大自然给予人类最动听的音乐，使亲历者回味，令都市人向往。

b. 乐器演奏音乐：中国民族乐器材质多直接取自自然，以竹木材质最多，如吹奏乐器中的笙、芦笙、排笙、葫芦丝、笛等，弹拨乐器中的琵琶、筝、扬琴、古琴、阮、柳琴、三弦等，打击乐器中的木鼓，拉弦乐器中的二胡、板胡等。这些乐器充分利用不同竹木材质的特性，对东方韵律进行了独特表达。

除了以上乐器，树叶也是最简单、最古老的演奏乐器。在我国，树叶演奏技艺广泛存在于苗、瑶、侗、彝、壮、布依、黎、土家、傈僳、阿昌、白、傣、水、哈尼、仡佬、仫佬、毛南、满、蒙古、藏、汉等民族。树叶虽小，但音色优美，独具风采。吹奏所用的树叶多种多样，但要选择优良的树种，通常采用榕树、樟树、橘、柚、杨、枫、冬青等无毒的树叶。著名树叶演奏家邱少春参与创作的大广弦独奏《乡音》、树叶与乐队合奏的《茶山韵》、树叶与舞蹈共同演绎的《情深谊长》、树叶与管乐配合的《家乡阿里山》、音乐专辑《风吹竹叶》等，都是当代树叶音乐杰作。

c. 森林题材音乐：以森林为题材创作的轻音乐深受听众的喜爱，其中最具代表性的当属班得瑞系列音乐，如《森林中的一夜》《森林之春》《春水》《初雪》等。森林狂想曲系列中的《晨歌》《野鸟情歌》《森林狂想曲》《沉睡森林》等作品也是人们神游森林之境的佳作。这些森林题材的音乐可以使现代都市人们暂时远离城市的喧嚣，使心灵神游自然，回归平静。

2. 森林文化与生物多样性

森林文化与生物多样性相辅相成，相互促进。森林文化中的很多精髓源自于自然界中的动物、植物、微生物以及由此构成的不同层次的生物多样性。森林哲学、森林伦理学中的一些认识与生物多样性有一定的映射联系，如多样性稳定性关系问题、竞争合作关系问题、个别与整体关系问题等。同时，森林文化又反作用于生物多样性，森林文化中人地和谐理念、敬畏尊重自然的观念，对生物多样性保护与传承起着重要的积极作用。例如，傣族的龙山、藏族的神山圣湖、彝族的密枝林等原始崇拜，对民族地区的物种保护、多样性传承都起了正向作用。

（1）遗传多样性的文化启示——继承与发展

遗传是指经由基因的传递，使后代获得亲代的特征、性状。自然界之所以生生不息，得益于物种优良基因的传递。遗传变异是生物体内遗传物质发生变化而造成的一种可以遗传给后代的变异，正是这种变异导致生物在不同水平上体现出遗传多样性。人类文明、文化的延续和发展，如同自然界基因密码的传递，优秀部分得以保存传承，但同时为了适应环境的改变，又要不断推陈出新。

继承是发展的前提，发展是继承的必然要求，继承与发展是同一个过程的两个方面。继承与发展问题，遍及我们生活生产的各个领域。

中国传统文化源远流长，广博而影响深远。不同地域、不同民族在其繁衍生息间，创造了各自不同的民族文化，有差异也有共性，有优秀也有糟粕。因此，必须辩证地看待中国传统文化，秉持“取其精华，去其糟粕”的原则，正确对待中国传统文化，并赋予中国传统文化以新的时代精神，从而适应全球化的发展，符合现代青年人的文化需求。以儒家文化为例，儒家文化作为我国传统文化的主流思想，影响着一代又一代人，在中国文化史的发展过程中留下了不可抹灭的痕迹。无论是君与臣，还是父与子、夫与妻，无不强调稳定次序和结构的必要性，但从现代人角度审视，又隐含着不公和对人性的摧残。儒家思想中的义利观、伦理观有很多思想值得当世继承和发扬。《周易大传》中“天行健，君子以自强不息”的刚健有为精神，《论语》中所提倡的舍生取义、见利思义、见危授命、“三军可夺帅，匹夫不可夺志”的品质和“士不可以不弘毅，任重而道远”的历史使命感，《孟子》中提出的“富贵不能淫，贫贱不能移，威武不能屈”的独立人格和“乐以天下，忧以天下”的忧患意识，“百善孝为先”的人伦情怀，都是新时代不能遗弃的文化宝藏。但是“三从四德”的女性观，“天不变道也不变”的自然观，“别尊卑，明贵贱”的封建等级观等，是需要剔除的。还有一些内容需要在发展中继承，如“民本”思想，应将为帝王服务的“民本”发展为人民利益高于一切的社会主义观念。

人类文明始于文字的发明，从时间跨度上已有七八千年，但真正把科学技术广泛应用到生产上，并进一步引起社会的巨大变革也就300多年的时间。从哥白尼、伽利略开始，以观察、实验为基础的近代科学诞生以来，在西方国家先后有多次科学技术的继承与超越。16世纪中叶，以意大利为中心的中欧各国学习中国四大发明、古希腊罗马的科学，发生了文艺复兴运动，使意大利的科学得到复兴，生产得到发展。17世纪，英国重视学习欧洲大陆科学技术，继而成为欧洲科学技术中心。18世纪，英国完成产业革命，成为“世界工厂”，实现了当时的工业现代化。19世纪初，德国学习引进英国技术，在办好技术教育的同时创办研究所，发展化学工业。1895年，德国在科学技术和经济上又超过了英国。19世纪下半叶，南北战争的胜利推动了美国科学与教育事业的发展，用聘请专家讲学与吸收外国科学家到美国工作的方式，使美国在电力技术之后在新兴工业方面不断取得新的突破。20 世纪初，美国科学技术与经济实力超过了欧洲。第二次世界大战后，日本学习西方科技管理重于学习技术本身，通过引进技术并加以革新的方式，成为当时仅次于美苏的“经济大国”。这一系列历史事实，说明了继承与发展的辩证关系。

党的十八大以来，习近平总书记科学把握国内外大势，统筹中华民族伟大复兴战略全局和世界百年未有之大变局，提出一系列具有开创性、全局性的新理念新思想新战略，指引中国特色大国外交破浪前行，同时也开辟了当今世界国际关系理论创新的新境界。全球文明倡议是继共建“一带一路”倡议、全球发展倡议、全球安全倡议之后，习近平总书记提出的又一重大倡议，丰富了推动构建人类命运共同体的理论支撑和实现路径，具有重要的时代价值和历史意义。

全球文明倡议着眼应对全人类共同挑战，具有强大引领力。当今世界，百年变局加速演进，多重挑战和危机叠加，冷战思维阴霾不散，有的国家炒作地缘政治，煽动意识形态对立和阵营对抗，“文明优越论”“文明冲突论”沉渣泛起，严重危及世界和平稳定与发展进步，人类社会面临各种风险挑战。习近平总书记强调：“应对共同挑战、迈向美好未来，既需要经济科技力量，也需要文化文明力量。”不同文明交流互鉴，有利于增进各国相互理解、相互尊重、相互信任，促进民相亲、心相通，为团结协作奠定基础。全球文明倡议直面人类文明发展进程中的挑战和问题，对于减少冲突和对抗、促进不同文明交流合作、凝聚应对共同挑战的合力具有重大意义。

全球文明倡议汲取中华优秀传统文化智慧，具有强大感召力。中华优秀传统文化始终绵延相承，积淀着中华民族最深层的精神追求，代表着中华民族最独特的精神标识，为中华民族生生不息、发展壮大提供了丰厚滋养。全球文明倡议生动体现中国共产党人坚持胸怀天下的世界观和方法论，传承中华民族热爱和平、追求和谐的血脉基因，传承中华优秀传统文化中和而不同、和衷共济、美美与共、天下大同等思想理念和社会理想。全球文明倡议是我们党坚持把马克思主义基本原理同中国具体实际相结合、同中华优秀传统文化相结合的理论创新成果，符合和平、发展、合作、共赢的时代潮流，彰显中国立场、中国智慧、中国价值，引发国际社会强烈共鸣。

(2)物种多样性的文化启示——对立与共生

物种多样性是生物多样性的中心，是生物多样性最主要的结构和功能单位，是指地球上动物、植物、微生物等生物种类的丰富程度。2011 年，由美国夏威夷大学(University of Hawaii)和加拿大戴尔豪斯大学(Dalhousie University) Camilo Mora 博士领导的海洋生物普查科学家公布了地球物种总数量的最新估计数字：870 万种物种(正负误差 130 万)，其中 650 万种物种在陆地上，220 万种生活在海洋深处。众多物种在生存大战中，形成了相互竞争而又相互依存的关系，在食物链上表现得尤为明显。食物链相邻等级中的物种，直接变现为“吃”与“被吃”的对立冲突关系，但若没有天敌的控制，“被吃”者也无法长久繁衍生存。如图 3-9 中“粮草—田鼠—狐狸”这条食物链，田鼠与狐狸是生存对立关系，但若没有狐狸对田鼠种群的控制，田鼠可能会对粮草带来灾难性后果，最终也会饿死。自然界中物种的多样性，实现了物种对立与共生的平衡，也给人类生存带来启示。

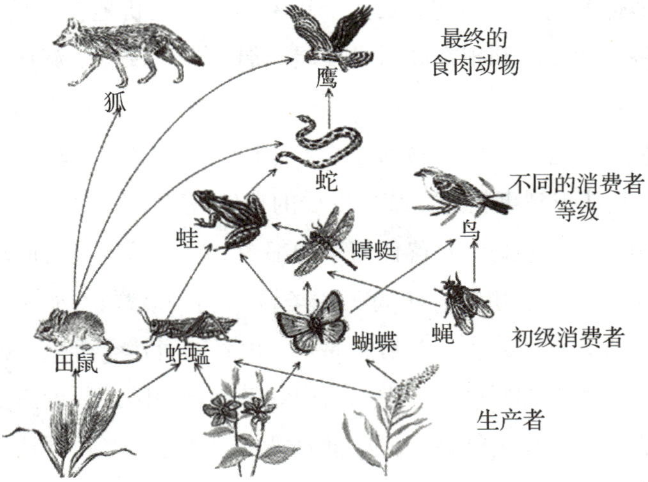

图 3-9　草原生态系统食物网简图

竞争与合作是对立与共生的一种社会表现形态，国家或地区之间、不同行业或同行之间、同事之间，等等，都存在着必然的竞合关系。这种竞合关系体现在政治、经济、军事、文化、科技、体育等各种领域，也体现在人们日常工作和生活的方方面面。

(3) 生态系统多样性的文化启示——差异与融合

地球的总生态系统由千万个子生态系统构成，从大类来分，有自然生态系统和人工生态系统。其中，自然生态系统又有陆地生态系统、水域生态系统及作为过渡类型的湿地生态系统 3 个子类。三类生态系统尤其是陆地类和水域类生态系统的生态环境、物种构成均存在较大差异，但不同生态系统间也存在千丝万缕的联系，如不同系统间物质、能量的流动，甚至有些物种会在不同生态系统内流动，使不同生态系统产生一定的融合。

生态系统所蕴含的这种差异与融合也为我国传统文化理念的延伸与应用提供了有效思路。例如，习总书记在中国共产党第二十次全国代表大会上的报告中指出：坚持和发展马克思主义，必须同中华传统文化相结合，只有根植本国、本民族历史文化沃土，马克思主义真理之树才能根深叶茂。党的二十大报告中蕴涵的传统文化理念是中华文化的智慧结晶，是生产生活中积累的道德观于科学社会主义价值主张高度契合的成果。

天人合一，与绿色发展遥相呼应。庄子提出“天地与我并生，而万物与我为一”，是指人与天地万物是相互联系的、始于同一宇宙本源的有机整体，倡导顺应自然、清净无为、人和于天的“天人合一”，这正彰显了我国目前的发展理念——讲求人与自然和谐共生。正如党的二十大报告中指出的“推行草原森林湖泊湿地休养生息，实施好长江十年禁渔，健全耕地休地轮作制度”；以及我国从经济高速发展到现在高质量发展，倡导生产过程全流程绿色，都是当代绿色协调可持续发展理念的具体实践。

天下为公，助力人类的持续发展。《礼记》中指出“大道之行也，天下为公”，“大道”是认识到事物对立统一发展的自然规律，明了天地万物本来为一体关系的真相，才能够胸怀对待任何事物都像对待自己一样的同理心，也就是“公心”。以上古三皇、中古夏商周三代圣贤治国理政思路为例，大家都是以天下为天下人所共有、共享、共治为原则，由各路贤达于群众中推选出来治理社会事务，最终实现大同世界。中国共产党带领着中国人民创造了一个又一个人间奇迹，稳步走向伟大复兴、走近世界舞台的中心，当仁不让地承担起大国责任，为人类持续发展与共同进步做出更多贡献。

任务实施

以小组为单位，在所选择区域开展典型植物群落调查，了解当地群落特征及生态环境情况；结合当地实际情况，了解道教生态文化对森林环境的重视程度，以及对保护和改善森林环境做出的生态实践。整理归纳后，综合分析以上调查数据，找出群落本身的特征和生态环境、道教森林文化的关系，以及各类群落之间的相互关系，并形成报告、展开小组讨论。

任务记录

1. 典型植物群落

2. 群落特征及生态环境

3. 道教森林文化在森林生态环境保护中的作用

任务启示

任务实施完成后，对所获得的知识感悟进行总结。

任务评价

以小组为单位进行活动评价，分别从典型植物群落、群落特征及生态环境、保护作用、展现效果等方面，进行组内自评、组间互评和教师评价（表3-4）。

表3-4 考核评价表

组号		姓名				日期	
序号	评分项目	分值	组内自评	组间互评	教师评价	平均分	说明
1	典型植物群落	25					
2	群落特征及生态环境	25					
3	保护作用	25					
4	展现效果	25					
	总　分						

知识拓展

森林群落

森林是以木本植物为主体的生物群落。其包括乔木林、竹林和国家特别规定的灌木林地。按用途可以分为防护林、特种用途林、用材林、经济林和能源林（原薪炭林）。森林集中了乔木、植物、动物、微生物和土壤，使其相互依存、相互制约，并与环境相互影响，从而形成的一个生态系统的总体。森林具有丰富的物种、复杂的结构、多种多样的功能，被誉为“地球之肺”。

植物群居在一起必须占据一定的固定地段，因此群落乃是一定地段上，多物种组成的 天然群聚，是自然界植物存在的具体实体，也是植物种在自然界存在的一种形式和发展的必然结果，而不是抽象的概念。例如，一片森林、灌丛、草原或栽植的植物群体等，都可以把它们视作一个植物群落。所以，在一定地段上，由一定植物种类成分综合在一起所组成的天然群聚，可概括地称为植物群落。应该指出的是一个植物群落是由一定植物种类成分组成，除此之外还应包括该地段的动物、微生物等成分。

森林群落是以木本植物为主体的植物群落。可将其理解为：一定地段上，以木本植物为主的多物种所组成的天然群聚。它由乔木树种与其他植物、动物和微生物等在一定地段上有规律地组合而成。地球表面的全部植物群落的总和，称为植被。某一地区地表范围内全部植物群落的总和，称为该地区的植被。植物群落是植被的基本单元，植被在地球表面的生物圈中有着特别重要的作用，它创造了适于人类和动物生存的生态环境，要研究植被就要从一个具体的群落入手。

1. 森林群落的种类组成

组成森林群落的种类成分是形成群落结构的基础。每一个森林群落，都由一定数量的乔木树种和与其伴生的其他植物种类组成，而任何一种植物个体都有一定的形状类别，它们均要求一定的生态条件，并在群落中起着不同的作用和处于不同的地位。植物的形状类别称为生长型。在群落结构中最重要的生长型为乔木、灌木、藤本植物、附生植物、草本植物、菌藻植物等类型。组成森林群落的种类成分越多，生长型越复杂，其结构也越复杂。

在天然森林群落中，植物种类成分和生长型的多寡，很大程度上是和环境条件的优劣相一致。我国东南部从北到南，水热条件越趋优越，与此相应的森林群落种类、生长型就越多。我国东北小兴安岭红松林的一个群落样地中，主要高等植物的种类仅为 40 余种，藤本植物稀少，而在云南西双版纳热带雨林群落样地中，主要高等植物却多达 130 余种，且藤本植物极其丰茂。这是因为优越的环境条件，能够满足更多的具有不同的生态适应性的植物生存。各种不同生长型的植物彼此紧密地生长在一起，各自利用着各种各样适合于自身的环境条件，因此，群落中植物种类成分越多、生长型越齐全，对环境的利用程度越高，从而群落的生物生产力也更高。

森林群落种类组成是决定群落性质最重要的因素，也是鉴别不同群落类型的最基本标志。群落学研究一般都从分析物种组成开始，对组成群落的物种进行调查并逐一记录，编制出所研究群落的生物物种名录。群落的物种组成情况在一定程度上能反映出群落的性质，群落内具有一定的种类组成，种类组成的不同和变化是确定森林群落的重要依据。从理论上说，森林群落必然有其一定的种类成分，优势乔木树种常常与一定的灌木和草本共同出现，可能还相应地与一定的动物相伴。例如，龙脑香科植物是东南亚热带雨林的特征科，通过对我国云南、广西、海南等热带北缘地区的森林群落组成的分析，了解到含有龙脑香科的青皮属、坡垒属等，并占有一定数量和优势，这对认识热带雨林在我国的分布、特性、类型及其与东南亚热带雨林的关系具有重要意义；我国亚热带常绿阔叶林，群落乔木层的优势种类主要是由壳斗科、樟科、木兰科、山茶科、金缕梅科等植物组成，下层则主要由杜鹃花科、紫金牛科、冬青科、小檗科、蔷薇科等植物构成，它们就成为了我国亚热带常绿阔叶林的标志；我国北方阔叶红松林，以红松为主的针阔混交林下常常出现榛子、绣线菊、苔草、舞鹤草等，同时松鼠也是这个群落必不可少的生物类群，它们就成为了我国温带针阔混交林的标志。这是群落种类组成对确定和识别群落类型的重要指标的例证，这样的分析对了解群落种类成分与自然环境之间的密切关系，有着重要意义。

(1)森林群落种类组成的数量特征

为了了解组成某一森林群落的植物种类数量，首先要确定该群落的表现面积。所谓表现面积，是指能够包括绝大多数的植物种类和表现出该群落一般结构特征的最小面积。因此，找出最小面积是研究群落种类数量的重要工作。在森林群落取样中，通常乔木最初的面积用 10 m×10 m，下木用 4 m×4 m，草本植物用 1 m×1 m，记载这一面积中所有的植物种类；然后，按照一定顺序成倍扩大边长，每扩大一次，就登记增加的种类。起初，面积扩大，植物种类数量也随着继续增加；之后，面积再扩大，种类增加幅度降低。可按照植物种增加的累计数和样方面积的坐标关系，绘制种类-面积曲线图。从曲线图上可以看出，曲线最初陡峭上升，之后逐渐平缓延伸。当曲线开始平伸的一点所对应的面积，即为群落的最小面积。据研究，组成群落的植物种类越多，群落的最小面积相应地越大，通常草本群落样方的最小面积多为 110 m，灌丛为 16~100 m，针叶林多为 100 m，温带森林多为 400 m，亚热带森林多为 900 m，而在热带应更大，常在 2000 m 以上。

(2)种的多度和密度

森林群落中植物种的个体数量，可用多度和密度加以确定。

①多度。被调查样地上植物种的个体数量。多度的测定，最常用的有两种

方法，一种为直接清点法，即“记名记数法”。在森林调查中，对乔木树种的种类，一般在样地中直接清点各类个体的数目，然后计算出某乔木树种与其他乔木树种的比例。另一种为目测估计法，对灌木、草本等个体数量大而体形小的林下植物种类，常用目测估计法。

②密度。单位面积上植物种的个体数量。一般对乔木、灌木和丛生草本，以植株或株丛记数。

③盖度。一定面积的地段上植物枝叶垂直投影所覆盖的土地面积所占的百分比，称为投影盖度，简称盖度，常以%表示。盖度反映了植物在群落中占有空间的大小。例如，样地中某个植物种的枝叶垂直投影所覆盖样地面积占样地面积的60%时，则该植物的盖度为60%。投影盖度可按层、种或个体实测后求算。由于植物枝叶互相重叠，当按层或种测定时，其数值的总和有可能会大于群落的总盖度。

④频度。某个物种在调查范围内出现的频率，即群落中某种植物出现的样方数与全部样方数的百分比。频度只是群落结构的分析特征之一，与其他分析特征一样，很少单独用作鉴定性指标。

⑤重要值。是用来表示某个种在群落中的地位和作用的综合数量指标。通常综合种的密度、频度和相对盖度的数值，来确定森林群落中每一树种的相对重要性，其所得到的数值，称为重要值，重要值越大的种，在群落结构中就越重要。

2. 森林的类型

森林按其在陆地上的分布，可分为针叶林、针叶落叶阔叶混交林、落叶阔叶林、常绿阔叶林、热带雨林、热带季雨林、红树林、珊瑚岛常绿林、稀树草原和灌木林。按发育演替可分为天然林、次生林和人工林。按起源可分为实生林和萌芽林(无性繁殖林)。森林经理上将树种、测树因子、组成结构、年龄等基本一致，且与邻近的森林有明显区别的森林地段称为林分。按树种组成可分为纯林和混交林。按林业经营的目的可分为用材林、防护林、薪炭林、经济林和特种用途林。按作业法可分为乔林、中林、矮林。按林龄可分为幼林、中龄林、成熟林和过熟林。按年龄结构可分为同龄林和异龄林。

(1)针叶林

针叶林在中国分布非常广泛，但作为地带性的针叶林则只见于东北和西北两隅以及西南、藏东南的亚高山针叶林；其余的常为次生性针叶林，如各种次生松林；更多的则是人工营造而成，如杉木林等。这些针叶林不仅植物组成丰富，而且还栖息着大量的动物种类，成为众多特有种类的栖息地和避难所。

(2) 混交林

主要包括针叶与落叶阔叶混交林。

a. 红松阔叶混交林：红松阔叶混交林是中国温带地区的地带性类型，主要分布于东北长白山和小兴安岭一带山地，向东一直延伸至俄罗斯阿穆尔州沿海地区以及朝鲜北部，主要建群种是红松(*Pinus koraiensis*)和一些阔叶树，如核桃楸(*Juglans mandshurica*)、水曲柳(*Fraxinus mandshurica*)、紫椴(*Tilia amurensis*)、色木(*Acer mono*)、春榆(*Ulmus davidiana* var. *japonica*)等。

b. 铁杉、阔叶树混交林：主要分布在中国亚热带山地，是常绿阔叶林向亚高山针叶林过渡的一种垂直带森林类型，主要有长苞铁杉(*Tsuga longibracteata*)和铁杉(*T. chinensis*)与壳斗科植物混交的森林。亚热带西部山地海拔较高，在海拔 2500 ~ 3000 m 形成特殊的针阔混交林带，喜马拉雅铁杉(*T. dumosa*)与阔叶树混交林常常占据主要的地位。

(3) 阔叶林

①落叶阔叶林。广泛分布在温带、暖温带和亚热带的广阔范围。主要的森林类型有华北、西北地区的落叶阔叶混交林，赤杨(*Alnus japonica*)林、钻天柳(*Chosenia arbutifolia*)林、尖果沙枣(*Elaeagnus oxycarpa*)林；由亚热带常绿阔叶林被破坏后形成的栗树(*Castanea mollissima*)林、拟赤杨(*Alniphyllum fortunei*)林、枫香(*Liquidambar formosana*)林；北方针叶林和亚高山针叶林的次生林类型的山杨(*Populus davidiana*)林和桦木(*Betula platyphylla*)林以及发育在亚热带山地的山毛榉(*Fagus longipetiolata*)林和亚热带石灰岩山地的化香林(*Platycarya strobilacea*)、青檀(*Pteroceltis tatarinowii*)、榔榆(*Ulmus parvifolius*)林、黄连木(*Pistacia chinensis*)林等。

②常绿阔叶林。常绿阔叶林是中国湿润亚热带森林地区的地带性类型，所含物种丰富，就高等植物而言，约占全国种类的 1/2 以上。常绿阔叶林的优势种不明显，经常由多种共建种组成。有酸角(*Tamarindus indica*)林、青冈(*Quercus glauca*)林、栲类(*Castanopsis* sp.)林、石栎(*Lithocarpus glaber*)林、润楠(*Machilus nanmu*)林、厚壳桂(*Cryptocarya chinensis*)林、木荷(*Schima superba*)林、阿丁枫(*Altingia chinensis*)林、木莲(*Manglietia fordiana*)林。

③硬叶常绿阔叶林。在川西、滇北和藏东南一带曾为古地中海的地区，有类似地中海硬叶常绿阔叶林残遗的群落存在，主要见于海拔 2000 ~ 3000 m 的山地阳坡，一般山地常见的类型以滇高山栎(*Quercus aquifolioides*)林、黄背栎

(*Q. pannosa*)、长穗高山栎(*Q. longispica*)林、帽斗栎(*Q. guayvaefolia*)林、川西栎(*Q. gilliana*)林、藏高山栎(*Q. semicarpifolia*)林。而河谷地区常见有酸角林、铁橡栎(*Q. cocciferoides*)林、锥连栎(*Q. franchetii*)林、光叶高山栎(*Q. rehderian*)林和灰背栎(*Q. senescens*)林的分布。

④落叶阔叶与常绿阔叶混交林。这类森林种类组成相当复杂。它又可分成几种不同的类型，如分布在北亚热带地区的落叶常绿阔叶混交林，主要见于东部亚热带山地海拔1000~1200 m以上至2200 m左右的山地常绿、落叶混交林，以及分布于亚热带石灰岩山地的石灰岩常绿、落叶阔叶混交林等。

⑤季雨林。中国季风热带的地带性代表植被类型，大多数分布在较干旱的丘陵台地、盆地以及河谷地区。它们多数属于长期衍生群落性质，麻楝(*Chukrasia tabularis*)林、毛麻栎(*C. tabularis* var. *velutina*)林、中平树(*Macaranga denticulata*)林、山黄麻(*Trema orientalis*)林、劲直刺桐(*Erythrina stricta*)林、木棉(*Bombax malabarium*)林、楹树(*Albizzia chinensis*)林、海南榄仁树(*Terminalia hainanensis*)林、厚皮树(*Lannea coromandelica*)林、枫香林、红木荷(*Schima wallichii*)林等最为常见。

⑥雨林、季节性雨林。多见于中国热带地区海拔500~700 m以上山地，海南岛一带山地以陆均松(*Dacrydium pectinata*)、柯类(*Lithocarpus*)等为主，云南南部则多为鸡毛松(*Dacrycarpus imbricatus*)、毛荔枝(*Nephelium chryseum*)等，石灰岩季节性雨林主要见于广西南部，组成种繁多。

参考文献

安妮·马克苏拉克，2011. 生物多样性——保护濒危物种[M]. 李岳，田琳，译. 北京：科学出版社.

陈灵芝，1993. 中国的生物多样性现状及其保护对策[M]. 北京：科学出版社.

高吉喜，薛达元，马克平，等，2018. 中国生物多样性国情研究[M]. 北京：中国环境出版集团.

国家环境保护局，1998. 中国生物多样性国情研究报告[M]. 北京：中国环境科学出版社.

国家林业局野生动植物保护局，2002. 自然保护区生态保护教育[M]. 北京：中国林业出版社.

罗明，张琰，张海，2020. 基于自然的解决方案在《山水林田湖草生态保护修复工程指南》中的应用[J]. 中国土地(10)：14-17.

马敏，张三夕，2001. 东方文化与现代文明[M]. 武汉：湖北人民出版社.

生态环境部，2020. 2019中国生态环境状况公报[Z]. 北京：生态环境部.

生物多样性公约秘书处，2020. 全球生物多样性展望[R]. 5版. 蒙特利尔：联合国.

苏祖荣，2009. 森林哲学散论[M]. 上海：学林出版社.

田兴军，2005. 生物多样性及其保护生物学[M]. 北京：化学工业出版社.

王献溥，刘玉凯，1994. 生物多样性的理论与实践[M]. 北京：中国环境科学出版社.

文彬，2007. 生物多样性保护基础[M]. 昆明：云南民族出版社.

薛达元，张渊媛，2019. 中国生物多样性保护成效与展望[J]. 环境保护(17)：38-42.

杨宇明，田昆，王娟，等，2005. 云南生物多样性特征及其脆弱性研究[C]//中国生物多样性保护与研究进展Ⅵ——第六届全国生物多样性保护与持续利用研讨会. 丽江：第六届全国生物多样性保护与持续利用研讨会.

银森录，李俊生，2019. 积极履约，加强生物多样性保护[J]. 中国环境(06)：20-23.

云南省林业调查规划院，1989. 云南自然保护区[M]. 北京：中国林业出版社.

张雅婷，2011. 试评罗尔斯顿自然价值论[J]. 山西财经大学学报，31(S1)：

262-263.

张嫫颀，2010. 森林伦理初探[D]. 哈尔滨：哈尔滨理工大学.

赵斌，2002. 生物多样性信息管理概论[M]. 成都：四川教育出版社.

De Lamo X, Jung M, Viscont P, et al., 2020. Strengthening synergies: how action to achieve post-2020 global biodiversity conservation targets can contribute to mitigating climate change[M]. Cambridge: UNEP-WCMC.

FAO, 2019. The State of the World's Biodiversity for Food and Agriculture[M]. FAO Commission on Genetic Resources for Food and Agriculture Assessments: 572.

FAO, 2020. Global Forest Resources Assessment 2020-Key findings. Rome.

Gamfeldt L, Snäll T, Bagchi R, et al., 2013. Higher levels of multiple ecosystem services are found in forests with more tree species[J]. Nature Communications, 4: 1340.

IPBES, 2019. Summary for policymakers of the global assessment report on biodiversity and ecosystem services of the Intergovernmental Science-Policy Platform on Biodiversity and Ecosystem Services[M]. Bonn: IPBES secretariat: 56.

IUCN, 2020. Global Standard for Nature-based Solutions. A user-friendly framework for the verification, design and scaling up of NbS[M]. Gland: IUCN.

Kremen C, Merenlender A M, 2018. Landscapes that work for biodiversity and people[J]. Science, 362: 6020.

Li L, Hu R, Huang J, et al., 2020. A farmland biodiversity strategy is needed for China[J]. Nature Ecology & Evolution, 4: 772-777.

Naumann S, Davis M, 2020. Biodiversity and nature-based solutions: analysis of EU-funded projects[M]. Brussels: European Commission.

Schmidt-Traub G, Locke H, Gao J X, et al., 2020. Integrating climate, biodiversity, and sustainable land-use strategies: innovations from China[J]. National Science Review: 139.

Seddon N, Chausson A, Berry P, et al., 2020. Understanding the value and limits of nature-based solutions to climate change and other global challenges[J]. Philosophical Transactions of the Royal Society B-Biological Sciences: B37520190120.

UN Environment, 2019. Global Environment Outlook-GEO-6: Healthy Planet, Healthy People [M]. Nairobi, Kenya. Cambridge: University Printing House: 745.

Van der Esch S, ten Brink B, Stehfest E, et al., 2017. Exploring Future Changes in Land Use and Land Condition and the Impacts on Food, Water, Climate Change and Biodiversity: Scenarios for the Global Land Outlook [M]. The Hague: PBL Netherlands Environmental Assessment Agency.

附　录

1. 西藏生物多样性

2023 年 7 月，习近平总书记出席全国生态环境保护大会并发表重要讲话：今后 5 年是美丽中国建设的重要时期，要深入贯彻新时代中国特色社会主义生态文明思想，坚持以人民为中心，牢固树立和践行绿水青山就是金山银山的理念，把建设美丽中国摆在强国建设、民族复兴的突出位置，推动城乡人居环境明显改善、美丽中国建设取得显著成效，以高品质生态环境支撑高质量发展，加快推进人与自然和谐共生的现代化。

西藏自治区总面积超过 120 万 km^2，是国家重要生态安全屏障，是亚洲和全球气候变化、生态安全的敏感区域、热点地区和重要影响源。全区海拔落差超过 8000 m，拥有森林、草原、湿地、荒漠等类型多样的生态系统，分布了许多独特的野生动植物，既是地球山地生物物种最主要的分化与形成中心，也是世界上生物多样性最为丰富的地区之一，被列为全球 34 个生物多样性热点地区之一。

(1) 野生动植物

西藏记录到野生脊椎动物 795 种，居全国第 3 位，大中型野生动物种群数量居全国前列。其中藏羚羊、野牦牛数量，黑颈鹤越冬数量占整个种群数量的 80%以上。现有野生动物中被列为国家重点保护野生动物的有 125 种，占全国重点保护野生动物的 34.5%；另有自治区重点保护野生动物 16 种，被列入《有重要生态、科学、社会价值的陆生野生动物名录》(以下简称《三有名录》)的动物 352 种，被列入《濒危野生动植物种国际贸易公约》(CITES)附录的动物种 140 余种。

西藏已记录野生植物 9600 余种，高等植物 6600 余种，其中，苔藓植物 700 余种，维管植物(蕨类和种子植物)5800 余种。受国家重点保护的珍稀植物有 38 种(其中国家一级保护野生植物有喜玛拉雅红豆杉、玉龙蕨等 6 种)，列入自治区重点保护植物有四叶红景天、亚东冷杉等 40 种，另有 214 种被列入《濒危野生动植物种国际贸易公约》附录。

(2) 森林生态系统

西藏林地面积 1798.19 万 hm^2，森林面积为 1490.99 万 hm^2，森林蓄积量

22.83 万 m^3，森林覆盖率 12.14%。森林资源总量居我国前列，西藏森林面积、森林蓄积量分别占全国森林面积、森林蓄积量的 8.11%、13.78%，森林面积居全国第 5 位，活立木蓄积量、人均森林面积、人均森林蓄积量、人均天然林蓄积量和乔木林单位面积蓄积量 5 项指标居全国第一。

(3)草原生态系统

西藏天然草原面积 13.34 万亩，可利用草原面积 11.29 万亩，累计完成草原承包面积 10.24 万亩，截至 2019 年年底，西藏草原植被综合覆盖度为 46.71%。

(4)湿地生态系统

西藏湿地面积大、分布广，是世界上特殊的高原湿地分布区，素有“中华水塔”和“亚洲水塔”之美誉，是中国水资源安全战略基地和水能资源接续基地，我国著名的雅鲁藏布江、怒江、澜沧江、长江都发源或流经西藏。西藏现有各类湿地总面积为 652.92 万 hm^2，占西藏面积的 5.3%，占全国湿地面积的 12.18%，居全国第 2 位；共有河流湿地、湖泊湿地、沼泽湿地和人工湿地 4 类 17 型，是我国湿地类型齐全、数量最为丰富的地区之一。

(5)荒漠生态系统

西藏荒漠化土地面积 4325.62 万 hm^2，主要分布在阿里地区、那曲市和日喀则市；各类沙化土地面积 2158.36 万 hm^2，主要分布在拉萨市、日喀则市、山南市和阿里地区。

(6)典型案例

①珠穆朗玛峰国家级自然保护区。珠穆朗玛峰国家级自然保护区(以下简称珠峰保护区)位于西藏自治区的定日县、聂拉木县、吉隆县和定结县，总面积为 33 819 km^2；是以保护极高山生态系统、山地森林生态系统、灌丛草原生态系统，以及分布于其中的生物多样性为主，同时保护当地藏民族历史文化遗产等具有重大科研价值的综合性自然保护区。

珠峰保护区包含世界最高峰——珠穆朗玛峰和其他 4 座海拔 8000 m 以上的山峰，是世界上最独特的生物地理区域。区内生态系统类型多样，且基本保持原貌，生物资源丰富，珍稀濒危物种、新种及特有种较多，初步调查共有高等植物 2348 种、哺乳动物 53 种、鸟类 206 种、两栖动物 8 种、鱼类 10 种，是研究高原生态地理、板块运动和高原隆起及环境科学、社会人文科学等学科的理想研究基地(彩图 7~彩图 9)。

②雅鲁藏布大峡谷国家级自然保护区。雅鲁藏布大峡谷国家级自然保护区

位于西藏自治区东南隅，雅鲁藏布江下游林芝地区，呈马蹄形，面积 91.68 万 hm^2。主要保护对象为山地森林生态系统及生物多样性资源、雅鲁藏布大峡谷自然景观和青藏高原最主要的水气通道环境。

受沿水气通道北上高原的印度洋暖湿气流的强烈影响，保护区发育着中国仅有的以热带为基带，经山地亚热带、山地温带一直到高山寒带的完整的立体气候类型，形成由低山热带季风雨林、山地亚热带常绿半常绿阔叶林、中山暖温带常绿针叶林、亚高山寒温带常绿针叶林、高山亚寒带灌丛草甸、高山亚寒带冰缘和极高山寒带冰雪等山地生态系统组成的世界最完整的山地生态系统垂直带谱，为野生动植物提供了良好的栖息地。维管植物占西藏全区维管植物总种数的 65%，哺乳动物占西藏全区哺乳动物的 50%，是世界上最具特色的、山地生物多样性最丰富的地区之一，被誉为“植被类型的天然博物馆”和“生物资源的基因库”(彩图 10、彩图 11)。

2. 青海生物多样性

2016 年 8 月，习近平总书记在视察青海时强调：青海生态地位重要而特殊，必须担负起保护三江源、保护“中华水塔”的重大责任。要坚持保护优先，坚持自然恢复和人工恢复相结合，从实际出发，全面落实主体功能区规划要求，使保障国家生态安全的主体功能全面得到加强。

青海是生物多样性最具代表性的区域之一，独特的生态系统，不但直接影响着我国天气、气候的形成和演变，而且对东亚甚至对北半球的大气环流有着极其重要的影响。

青海省位于中国西北部内陆腹地，青藏高原东北部，是青藏高原的重要组成部分。青藏高原是世界最大、海拔最高的高原，被称为“世界屋脊”和地球“第三极”，有喜马拉雅山、昆仑山、阿尔金山、祁连山、喀喇昆仑山、横断山脉和唐古拉山等山脉，被联合国教科文组织誉为世界四大无公害超净区之一。连绵的冰川和雪山使青海成为黄河、长江和澜沧江的发源地。高山大川间河流密布，湖泊与沼泽众多，是国内湿地面积最大、分布最为集中的地区之一。

(1)野生动植物

青海省分布有脊椎动物 605 种，隶属于 35 目 100 科 308 属。其中，中国特有种 117 种，青藏高原特有种 120 余种，青海特有种 18 种；国家一级保护野生动物 26 种，国家二级保护野生动物 69 种，青海省重点保护野生动物 47 种。珍稀野生动物有：棕熊(*Ursus arctos*)、雪豹(*Panthera uncia*)、野牦牛(*Bos grunniens*)、藏野驴(*Equus kiang*)、藏羚(*Pantholops hodgsonii*)、白唇鹿(*Cervus albirostris*)、黑颈鹤(*Grus nigricollis*)、大天鹅(*Cygnus cygnus*)等。

青海省分布的野生植物超过3000种，其中经济植物1000余种，药用植物680余种，名贵药材50多种。主要有唐古特雪莲(*Saussurea tangutica*)、甘草(*Glycyrrhiza uralensis*)、麻花艽(*Gentiana straminea*)、唐古特大黄(*Rheum tanguticum*)、暗紫贝母(*Fritillaria unibracteata*)、青海当归(*Angelica nitida*)、膜果麻黄(*Ephedra przewalskii*)等。

(2)森林生态系统

青海省天然林资源主要分布在长江、黄河、澜沧江、黑河流域高山峡谷地带，海拔3200~4000 m，是青藏高原高寒森林生态系统中的重要组成部分，也是“中华水塔”重要的生态安全屏障，发挥着涵养水源、水土保持、防风固沙、调节气候、防灾减灾、维持生物多样性等多种生态功能。天然林树种和林分结构简单，灌木林多，乔木林少。截至2017年，青海林地面积1096.94万 hm^2，森林面积452万 hm^2，森林蓄积5010万 m^3，森林覆盖率6.3%。

(3)草原生态系统

青海省天然草地面积4191.72万 hm^2，其中可利用面积3864.57万 hm^2。在各类草原中，高寒草甸和高寒草原类草场共3447.47万 hm^2，占青海草原总面积的82.25%，是青海天然草原的主体。

(4)湿地生态系统

青海省是长江、黄河、澜沧江三大江河的源头，降水相对较多，水系发育，河网密集，大小湖泊星罗棋布，有“中华水塔”和“江河源”之美誉。青海湿地面积达814.36万 hm^2，占全国湿地总面积的15.19%，湿地面积居全国第一。省境内分布有沼泽、湖泊、河流和人工湿地4类17型。其中，沼泽湿地564.54万 hm^2、湖泊湿地147.03万 hm^2、河流湿地88.53万 hm^2、人工湿地14.26万 hm^2。1992年，青海湖鸟岛列入国际重要湿地名录；2005年，扎陵湖、鄂陵湖列入国际重要湿地名录。青海共有19处国家湿地公园，总面积达32.5万 hm^2。

(5)荒漠生态系统

青海省荒漠化土地面积为1913.8万 hm^2，占青海总面积的26.7%，占荒漠化监测区面积的86.1%。其中风蚀荒漠化类型1296.1万 hm^2，水蚀荒漠化类型298.7万 hm^2，盐渍化荒漠化类型184.4万 hm^2，冻融荒漠化134.6万 hm^2。

(6)典型案例

①三江源国家公园。地处青藏高原高寒草甸区向高寒荒漠区的过渡区，主要植被类型有高寒草原、高寒草甸和高山流石坡植被。受横断山和喜马拉雅植物区系影响以及华东植物区系成分的侵入，形成了高原多样性生物环境和独特的高山生态系统。公园内分布有陆生脊椎动物148种，其中兽类36种、鸟类91种、两栖类3种、爬行类2种、鱼类16种。鸟类以古北界成分居优势，其中青藏区物种组成占很大比例，有18种之多，而特有种仅7种，主要是适应青藏干寒气候的种类。野生植物分布处于青藏高原高寒草甸向高寒荒漠的过渡区，有蕨类植物4种，种子植物819种。野生植物种类以矮小的草本和垫状植物为主，以疏林形式体现居多。

三江源国家公园地处青海省玉树藏族自治州杂多县、治多县、曲麻莱县和青海省果洛藏族自治州玛多县，包括长江源、黄河源、澜沧江源3个园区(彩图12~彩图14)，总面积为12.31万km^2，其中，冰川雪山833.4 km^2、河湖和湿地29 842.8 km^2、草地86 832.2 km^2、林地495.2 km^2。

②祁连山国家公园。冰川广布，面积7.17万hm^2，储量875万m^3，是青藏高原北部的“固体水库”。主要河流有黑河、八宝河、托勒河、疏勒河、党河、石羊河、大通河，流域地表水资源总量为60.2万m^3。湿地总面积39.98万hm^2。草地和森林面积达100.72万hm^2，林地面积15.24万hm^2。野生动植物丰富，脊椎动物28目63科294种，其中兽类69种、鸟类206种、两栖爬行类13种、鱼类6种，有国家一级重点保护野生动物雪豹、白唇鹿、马麝、黑颈鹤、金雕、白肩雕、玉带海雕等15种；野生植物95科451属1311种，其中，苔藓植物6种，蕨类植物19种，裸子植物12种，被子植物1274种，有国家重点保护野生植物34种(彩图15~彩图17)。

祁连山国家公园位于青藏高原东北部，横跨甘肃和青海两省，总面积5.02万km^2。青海省境内总面积1.58万km^2，占祁连山国家公园总面积的31.5%，包括海北藏族自治州门源县、祁连县，海西蒙古族藏族自治州天峻县、德令哈市。

③青海湖国家级自然保护区。保护区占整个流域面积的16.69%，以青海湖水体湿地、水禽候鸟及栖息地岛屿和湖岸湿地为主要保护区域，面积49.52万hm^2。该区域现有种子植物52科174属445种，其中裸子植物3属6种；脊椎动物有243种，隶属5纲24目52科141属，其中兽类41种、鸟类189种、爬行类3种、两栖类2种和鱼类8种。青海湖及环湖地区的鸟类组成具有种类丰富、混杂现象突出、候鸟比例大等特点，与国内其他湖泊的鸟类比

较具有独特性。

青海湖国家级自然保护区地处青海湖流域盆地的腹部，三面环山一面河谷地，四周山峦起伏，东部与东北部为日月山和团宝山，北连大通山，南傍青海南山，西接布哈河谷地。青海湖流域面积 2.96 万 km^2；行政区域涉及海北藏族自治州刚察县、海晏县，以及海南藏族自治州共和县和海西蒙古族藏族自治州天峻县(彩图 18~彩图 20)。

3. 湖北生物多样性

2018 年 4 月习近平总书记在湖北宜昌长江岸边考察时强调：长江经济带建设要共抓大保护、不搞大开发，不是说不要大的发展，而是首先立个规矩，把长江生态修复放在首位，保护好中华民族的母亲河，不能搞破坏性开发。在坚持生态保护的前提下，发展适合的产业，实现科学发展、有序发展、高质量发展。

湖北省位于我国中部，长江中游，处于我国地势第二级阶梯向第三级阶梯的过渡地带，地势高低悬殊，以号称“华中屋脊”的神农架顶峰为最高，海拔 3106.2 m；境内有“三江四山”(长江、汉江、清江、秦巴山、武陵山、大别山、幕阜山)及江汉平原，地貌类型多样，其中山地占 56%，丘陵岗地占 24%，平原湖区占 20%。湖北主要属北亚热带季风气候，具有从亚热带向暖温带过渡的特征，光照充足、热量丰富、无霜期长、降水丰沛、雨热同季。独特的地理位置、优越的自然条件孕育了丰富的生物资源。

(1) 野生动植物

湖北是全球生物多样性维持重要地区和“全球 200 佳生态区”之一，秦巴山区是我国最丰富的物种基因库，神农架是北半球中纬度地区保存最完好的物种基因库。湖北分布维管植物 6292 种，其中国家重点保护野生植物 51 种，列入《中国珍稀濒危保护植物名录》(第一册)珍稀濒危植物 63 种，占全国总种数 16.24%；列入《濒危野生动植物种国际贸易公约》附录物种 149 种。分布野生脊椎动物 893 种，其中国家重点保护野生动物 112 种，动植物资源总量居全国第 5 位，中部首位。

(2) 森林生态系统

湖北森林资源丰富，植被资源种类繁多。据第九次全国森林资源清查结果，湖北林地面积 876.09 万 hm^2，其中森林面积 736.27 万 hm^2，森林覆盖率 39.61%，活立木总蓄积量 3.96 万 m^3，其中森林蓄积量 3.65 万 m^3。湖北具有完整群落结构的乔木林面积占明显优势，森林生态系统稳定性高，清查间隔期内，湖北生态功能指数有所提高，森林资源持续稳定健康增长，对湖北乃至长江流域经济、社会可持续发展和生态环境的改善、保护发挥了极其重要的作用。

(3)草原生态系统

湖北是典型的南方草原地区，气候温暖，水热资源丰富，牧草生长期长，产草量高，草地资源基础良好。据第三次全国国土调查数据，湖北现有草地面积29.4万hm^2，主要分布于恩施、十堰、宜昌等鄂西北地区，分为暖性灌草丛、热性灌草丛、低地草甸、山地草甸等4类，约20个草地型，有神农架亚高山草甸、利川齐岳山草场、保康南顶草场等重点草场，是天然绿色生态屏障、水源涵养地和发展草地畜牧业的重要资源。

(4)湿地生态系统

湖北境内河流纵横、湖泊密布，形成了全国最大的江河湖泊复合生态系统，素有“千湖之省、鱼米之乡”的美誉。湖北现有湿地144.5万hm^2，湿地率7.8%。其中，自然湿地76.5万hm^2，占总面积的53%；人工湿地68.1万hm^2，占47%；国际和国家重要湿地数量居全国第2位，是国际重要的水鸟迁徙地、繁殖地、越冬地和停歇站，全球有2条候鸟迁徙通道经过湖北，每年有百余种、百余万只水鸟越境、停歇和过冬。

(5)典型案例

①神农架国家公园。神农架位于中国亚热带向温带过渡的地区，地理位置优越，自然条件得天独厚，是全球14个具有国际意义的生物多样性保护与研究关键地区之一，且在中国34个生物多样性保护优先区内，同时属于19个特有植物多样性热点之一，并位于中国种子植物特有属的三大分布中心——川东-鄂西中心。神农架于2016年7月在第40届世界遗产大会上被列入世界遗产名录，成为中国首个获得联合国教科文组织人与生物圈自然保护区、世界地质公园、世界遗产三大保护制度共同录入的“三冠王”名录遗产地。

神农架拥有全球中纬度地区保存完好的原始森林、北亚热带森林生态系统和亚高山泥炭藓沼泽湿地，植被垂直带谱完整，是世界生物活化石聚集地和古老、珍稀、特有物种避难所，生物多样性极其丰富。特殊的地理位置、优越的自然环境和气候条件使之成为中国东、南、西、北动植物区系的荟萃地，素有“物种基因库”“濒危动植物避难所”之美誉，是研究生物物种多样性、典型性以及植被自然演替规律的理想场所(彩图21~彩图23)。

②大九湖国际重要湿地。大九湖又名九湖坪，因一条溪流串着9个湖泊而得名。史料记载，远古时期，大九湖曾是汪洋大海，因燕山和喜马拉雅山造山

运动抬升隆起，在大九湖东南面形成了整齐对称的九道山梁、九道溪、九块平地、九个湖。大九湖也自此形成了独特的冰川地貌和高山草甸的绝妙景观。

大九湖湿地是亚热带地区最大的泥炭藓沼泽湿地，在中国湿地中具有典型性、代表性、稀有性和特殊性。其地理位置独特，生态环境具有很强的封闭性和原始性，给鄂西北山区的动植物生长繁育提供了一个得天独厚的场所，是华中地区生态环境保护最好、生物多样性最丰富的地区之一。此外，该区的森林植被和沼泽植被对涵养水源、防止水土流失起到了重要作用，已成为汉江中游生态保护的屏障，具有特殊的保护价值(彩图 24~彩图 26)。

4. 江西生物多样性

2019 年 5 月，习近平总书记在江西考察时强调：要加快构建生态文明体系，做好治山理水、显山露水的文章，打造美丽中国“江西样板”。

江西，北枕长江，南傍南岭，东西面以武夷罗霄山脉为屏障。有中国最大的淡水湖——鄱阳湖，有我国东南 10 省(自治区、直辖市)最高山——黄岗山，全境有大小河流 2400 余条，赣江、抚河、信江、修河和饶河并称为“五河”。特殊的地理位置，复杂的地形地貌，四季分明、雨热同期的中亚热带气候环境，孕育了江西丰富的生物多样性。江西建立的 543 处各类自然保护地，构建了以武夷山脉、南岭山脉、罗宵山脉、九岭山脉、鄱阳湖湿地等为重点区域，以保护中亚热带常绿阔叶林森林生态系统、鄱阳湖天然湿地生态系统、珍稀野生动植物为主体的自然生态保护网络。根据《中国生物多样性保护战略与行动计划(2011—2030 年)》和《中国生物多样性保护优先区域范围》区划确定，江西为华东华中丘陵平原区，涉及武夷山、南岭、黄山-怀玉山、鄱阳湖 4 个生物多样性保护优先区域。

(1)野生动植物

江西有野生脊椎动物 642 种，其中兽类 105 种、鸟类 420 种、爬行类 77 种、两栖类 40 种，分别占全国同类动物种数的 21%、34%、20%、14%；国家一级保护野生动物 19 种、国家二级保护野生动物 86 种，列入《濒危野生动植物物种国际贸易公约》附录 31 种，珍稀濒危物种有豹、云豹、梅花鹿(南方亚种)、黑麂、水鹿、苏门羚、黑熊、黄腹角雉、白颈长尾雉、白鹇等。

(2)森林生态系统

江西森林资源丰富，植被类型复杂，地带性植被类型为亚热带常绿阔叶林。江西现有林地面积 1.61 万亩，其中，森林面积 1.53 万亩，森林覆盖率达 63.1%，活立木蓄积量 5.76 万 m^3；沙化土地面积 96 万亩。

(3)草原生态系统

江西天然草地面积1420万亩。草地类型主要为热性草丛类、热性灌草丛类和低地草甸类；主要有芒、热性禾草、具乔灌的芒、五节芒、白茅、野古草、金茅、芦苇、狗牙根、假俭草、莎草等24个草地型。环鄱阳湖湖区主要分布草滩薹草，武功山、九岭山、黄岗山、南风面、齐云山等山峰主要分布山地草甸。

(4)湿地生态系统

江西湿地总面积为91.01万hm^2，占江西总面积的5.45%，湿地类型共有4类8型，其中湖泊湿地37.41万hm^2，河流湿地31.08万hm^2，沼泽湿地2.58万hm^2，人工湿地19.94万hm^2；江西城市规划区内1 hm^2以上的湿地共有9.3万hm^2，城区湿地率为7.9%。江西湿地生态系统综合效益较为突出，特别是在固碳释氧、蓄水防洪、物种保育等方面发挥了巨大价值，湿地综合效益价值共计1441.12万元/年，平均价值为15.84万元/(hm^2·年)，在全国范围内处于较高水平。

(5)典型案例

①江西井冈山国家级自然保护区。江西井冈山国家级自然保护区(以下简称井岗山保护区)地处赣江中上游，集雨面积大，对涵养水源、防止水土流失、维护自然生态平衡等发挥了重要作用。区内植被起源古老，有“第三纪型森林”“天然动植物园”和“亚热带绿色明珠”之称，植被类型多样，生物资源十分丰富。分布有常绿阔叶林、落叶阔叶林等12个植被类型，92个植被群系，维管植物3400多种，脊椎动物(不含鱼类)有406种，昆虫3000多种，区内还有世界上同纬度保存最完整的中亚热带天然常绿阔叶林，是研究中国乃至全球中亚热带生物资源的重要基地。

井冈山保护区位于湘赣两省交界的罗霄山脉中段，属森林生态类型自然保护区，主要保护对象为中亚热带湿润常绿阔叶林生态系统及其生物多样性。井冈山保护区是首批国家生态文明教育基地、全国林业示范保护区、全国科普教育基地、全国林业科普基地和全国野生动物保护教育基地。2012年7月被联合国教科文组织批准为世界生物圈保护区(彩图27~彩图29)。

②鄱阳湖国际重要湿地。鄱阳湖国际重要湿地(即鄱阳湖国家级自然保护区)是亚洲最大的候鸟越冬地和长江江豚等珍稀濒危物种赖以生存且为数不多的栖息地之一，越冬候鸟种类多、数量大，尤其是珍稀、濒危鸟类，列入《世界自然保护联盟濒危物种红色名录》易危以上级别的候鸟有23种(极危1种，濒危5种，易危17种)，被国际社会公认为“珍禽王国”和“候鸟乐园”。每年

在此栖息的珍稀鸟类白鹤最多时有4000余只，东方白鹳有2800余只，分别占其全球总数量的98%和95%以上。在全球湿地保护和生物多样性保护领域，鄱阳湖湿地均扮演着无可替代的角色。

鄱阳湖国际重要湿地位于我国第一大淡水湖——鄱阳湖西北角，赣江、修河的交汇处，总面积为224 km^2。保护区属内陆型湿地，主要湿地类型包括湖泊、永久性河流、时令湖和永久性淡水草本沼泽、泡沼。主要保护对象是以白鹤、东方白鹳等珍稀鸟类为主的越冬水禽及湿地生态系统(彩图30、彩图31)。

5. 黑龙江生物多样性

2016年5月，习近平总书记视察黑龙江伊春时强调：生态就是资源、生态就是生产力。我国生态资源总体不占优势，对现有生态资源保护具有战略意义。伊春森林资源放在全国大局中就凸显了这种战略性。如果仅仅靠山吃山，很快就坐吃山空了。这里的生态遭到破坏，对国家全局会产生影响。国有重点林区全面停止商业性采伐后，要按照绿水青山就是金山银山、冰天雪地也是金山银山的思路，摸索接续产业发展路子。

黑龙江省位于中国东北部，是中国位置最北、纬度最高的省份，北部、东部与俄罗斯隔江相望，西部与内蒙古自治区相邻，南部与吉林省接壤，土地总面积4730万 hm^2。

黑龙江省地貌特征为“五山一水一草三分田”，大致地势为西北部、北部和东南部高，东北部、西南部低，主要由山地、台地、平原和湿地构成。西北部为东北至西南走向的大兴安岭山地，北部为西北至东南走向的小兴安岭山地，东南部为东北至西南走向的张广才岭、老爷岭、完达山脉。

(1)野生动植物

黑龙江省动物区系在中国动物地理区划中位于东北区的大兴安岭亚区、长白山地亚区和松辽平原亚区，动物组成兼具北方型、东北型和中亚型的混合特点。黑龙江共有脊椎动物619种，其中兽类88种、鸟类390种、鱼类113种、爬行类16种、两栖类12种；包括国家一级保护野生动物17种，其中兽类有东北虎、东北豹、梅花鹿、原麝、紫貂、貂熊，鸟类有丹顶鹤、白头鹤、中华秋沙鸭、东方白鹳、黑嘴松鸡、大鸨、金雕、玉带海雕、白尾海雕等；国家二级保护野生动物69种，其中兽类有马鹿、驼鹿、黑熊、棕熊、豺、猞猁、黄喉貂、雪兔、斑羚、水獭，鸟类有花尾榛鸡、鸳鸯、大天鹅等。

黑龙江省植物区系分属于长白山、蒙古和东西伯利亚植物区系，植被类型多样，共有维管植物1961种，其中蕨类植物82种、裸子植物21种、被子植物1858

种；包括国家一保护野生植物2种，分别为东北红豆杉和貉藻；国家二级保护野生植物13种，分别为红松、水曲柳、黄菠萝、钻天柳、紫椴、松茸、朝鲜崖柏、野大豆、乌苏里狐尾藻、北方黑三棱、兴凯赤松、野菱、浮叶慈姑等。

(2)森林生态系统

黑龙江省森林总面积2147.5万hm^2，其中天然林面积1817.2万hm^2，森林蓄积量21.28万m^3，蓄积量99.09m^3/hm^2，森林覆盖率达47.23%。黑龙江通过实施“三北”防护林建设工程、天然林保护工程、退耕还林还草工程等重大项目，使得森林资源得到有效保护。

(3)湿地生态系统

黑龙江省天然湿地面积556万hm^2，占中国天然湿地总面积的1/7。湿地类型多样，有河流、湖泊、沼泽和人工湿地4个湿地类，15个湿地型，其中沼泽湿地427万hm^2，河流湿地75万hm^2，湖泊湿地35万hm^2，人工湿地19万hm^2。

黑龙江省是中国面积最大的淡水沼泽分布区，淡水沼泽主要分布在大兴安岭、小兴安岭、三江平原和松嫩平原，其中三江平原是中国面积最大、分布最为集中的沼泽区，是具有国家代表性和国际意义的重要湿地，目前黑龙江有国际湿地9处。

(4)草原生态系统

黑龙江省草原分布集中在松嫩平原、三江平原和山区半山区草原区，其中松嫩平原为欧亚草原分布的最东端，是东北三大草原和中国重点牧区之一，也是东北地区关键的绿色生态屏障，具有至关重要的生态意义。

黑龙江省草原辽阔，资源丰富，草原面积207万hm^2，占土地总面积的4.4%。草原植物共有1000余种，植被组成主要为菊科、莎草科及禾本科植物。

(5)典型案例

①伊春。伊春因汤旺河支流伊春河而得名，位于黑龙江省东北部，小兴安岭纵贯全境，总面积3.90万km^2，森林面积逾300万hm^2，森林覆被率高达82.2%，活立木总蓄积量2.2万m^3。伊春拥有世界上面积最大的、保存最完整的红松原始林，被誉为“红松故乡”。

伊春属中温带大陆性季风气候，境内沟谷密布，水系发达，有大小河流702条，总蓄水量102万m^3，河水环绕山行，景致秀丽。水润万物，伊春动植物资源极为丰富，小兴安岭森林内，栖息着东北虎、马鹿、黑熊等60余种珍稀野生动物，260余种鸟类。特殊的地理位置和生态环境，孕育了种类繁多、分布相对集中、独具特色的植物资源。辖区内森林中现有1390余种维管植物，包括国家一级保护野生植物东北红豆杉(彩图32~彩图34)。

②三江平原。三江平原位于黑龙江省东部，北起黑龙江、南抵兴凯湖、西邻小兴安岭、东至乌苏里江，总面积10.89万km^2。“三江”即指黑龙江、乌苏里江和松花江，三条大江浩浩荡荡，汇流、冲积形成了这块低平的沃土，沼泽与沼泽化土地面积约240万hm^2，是中国最大的沼泽分布区。

三江平原属温带大陆性季风气候，水资源丰沛，湿生和沼生植被主要有小叶章、沼柳、苔草和芦苇等，其中以苔草沼泽分布最广。物种资源丰富，野生动植物2400余种。

洪河国家级自然保护区位于三江平原腹地，总面积2.33万hm^2，是中国57处国际重要湿地之一，湿地生态系统具有高度的典型性和代表性。保护区自然条件独特，植被类型丰富，是珍贵的植物资源库。现有维管植物1012种，包括国家重点保护野生植物水曲柳、胡桃楸、黄菠萝、刺五加、野大豆和黄芪6种；有野生动物312种，包括国家一级保护野生动物东方白鹳、黑鹳、白头鹤、丹顶鹤、白尾海雕、金雕6种，国家二级保护野生动物黑熊、猞猁、白枕鹤、白琵鹭等40种。该保护区是东北候鸟南归北迁的重要停歇和繁殖地，现有迁徙鸟类130余种(彩图35~彩图37)。

6. 宁夏生物多样性

习近平主席在致《联合国防治荒漠化公约》第十三次缔约方大会的贺信中指出：土地荒漠化是影响人类生存和发展的全球重大生态问题。自公约生效以来，在各方共同努力下，全球荒漠化防治取得明显成效，但形势依然严峻，世界上仍有许多地方的人民饱受荒漠化之苦。这次大会以“携手防治荒漠，共谋人类福祉”为主题，共议公约新战略框架，必将对维护全球生态安全产生重大而积极的影响。

防治荒漠化是人类面临的共同挑战，需要国际社会携手应对。我们要弘扬尊重自然、保护自然的理念，坚持生态优先、预防为主，坚定信心，面向未来，制定广泛合作、目标明确的公约新战略框架，共同推进全球荒漠生态系统治理，让荒漠造福人类。中国将坚定不移履行公约义务，按照本次缔约方大会确定的目标，一如既往加强同各成员国和国际组织的交流合作，共同为建设一个更加美好的世界而努力。

宁夏回族自治区位于中国西北内陆，地处黄河中上游地区、沙漠与黄土高原的交接地带，东邻陕西，南接甘肃，西、北与内蒙古自治区接壤，总面积519万hm^2，占全国土地总面积的0.54%。现有自然保护地58处，其中国家级33处，自治区级25处，包括自然保护区、湿地公园、森林公园、沙漠公园、地质公园、矿山公园、自然保护点7种类型。

(1)野生动植物

宁夏共有脊椎动物415种，其中鱼类31种、两栖类6种、爬行类19种、哺乳动物74种、鸟类285种。包括国家重点保护野生动物51种，其中国家一级保护野生动物8种，分别是金钱豹、黑鹳、中华秋沙鸭、金雕、白尾金雕、胡兀鹫、大鸨和小鸨，国家二级保护野生动物43种，如白琵鹭、红腹锦鸡、石貂、猞猁、水獭等。

宁夏有高等植物1839种，其中被子植物1790种、裸子植物21种、蕨类植物28种。包含国家一级保护野生植物2种，分别是革苞菊和发菜，国家二级保护野生植物4种，分别是四合木、裸果木、沙芦草和野大豆。植被类型丰富，包含9个植被型30个亚型132个群系。

(2)森林生态系统

宁夏森林总面积66万 hm^2，活立木总蓄积量1111万 m^3，森林蓄积量835万 m^3，森林覆盖率达14.6%。全区共建设森林公园11处，其中，国家级森林公园4处，自治区级7处。森林公园总面积3.4万 hm^2，占全区总面积的0.66%，其中国家级森林公园2.8万 hm^2，自治区级森林公园5761.58 hm^2。

(3)湿地生态系统

宁夏湿地面积保有量20.68万 hm^2，湿地保护率达51.6%，建设湿地类型自然保护区4处，其中，国家级保护区1处，自治区级3处。共建设湿地公园24处，其中，国家级湿地公园14处，自治区级10处。湿地公园总面积3.7万 hm^2，占全区总面积的0.72%，其中国家级湿地公园3.15万 hm^2，自治区级湿地公园5522.42 hm^2。

(4)荒漠生态系统

国家第六次全国荒漠化和沙化监测结果显示，与第五次相比全区沙化土地面积由112.5万 hm^2 下降到100.4万 hm^2，荒漠化土地面积由279万 hm^2 下降到263.6万 hm^2，连续多年达成沙化、荒漠化土地“双缩减”，实现了由“沙进人退”到“绿进沙退”的历史性转变。

宁夏全区建设国家级沙漠公园4处，总面积1.6万 hm^2，占全区总面积的0.31%。建设地质公园4处，其中，国家级1处，自治区级3处，总面积1.77万 hm^2，占全区总面积的0.34%。

(5)典型案例

①三北防护林工程。三北防护林工程(以下简称“三北”工程)是1978年11月，在邓小平、李先念等中央领导同志的亲切关怀下，党中央、国务院作出的

建设重大生态修复决策。工程建设范围包括中国西北、华北、东北 13 个省(自治区、直辖市)的 551 个县市，总面积 406.9 万 km^2，占中国国土面积的 42.4%。工程规划从 1978 年开始到 2050 年结束，建设期限 73 年，规划总造林 3508 万 hm^2，力争到 2050 年，工程区森林覆盖率提高到 14.95%，风沙危害和水土流失得到有效控制，生态环境和人民群众的生产生活条件从根本上得到改善。

经过 40 年持续建设，三北工程区森林覆盖率由 5.05%提高至 13.57%，活立木蓄积量由 7.2 万 m^3 提高到 33.3 万 m^3，40 年营造林总固碳量达 23.2 万 t，相当于同期中国工业 CO_2 排放量的 5.23%，森林生态效益总值由 0.48 亿元增加至 2.34 亿元。森林植被显著增加，风沙危害明显减轻，水土保持取得重大进展，农业生态屏障基本形成。通过人工造林，封山育林，乔灌草、多林种、多树种相结合的近自然森林生态系统正在修复和形成，野生动物、植物的种群和数量稳中上升，生物多样性得到了有效保护，维护了生态系统多样性、物种多样性和遗传多样性。

三北工程区是中国山水林田湖草沙系统治理的关键区域，复杂多样的自然条件孕育了丰富的动植物资源。目前三北地区主要有植物种类 3500 余种，国家重点保护野生植物 189 种，分布温带针叶落叶阔叶混交林、暖温带落叶阔叶林和寒温带针叶林等地带性森林生态系统；野生兽类 200 余种，鸟类 550 余种。三北地区稳中有升的陆生野生动物占 55.7%，其中野马、藏羚羊等种群快速增加，71%达到野外种群稳定标准。宁夏回族自治区大力开展造林绿化，有林地面积持续增加，全区物种丰富度及生态系统多样性不断提高，使脆弱的生态系统得到恢复，生态环境的自我调节能力明显增强，不仅有效地保护了珍稀动植物资源，而且为物种的恢复、种群数量的增加以及群落的演替创造了良好的环境条件(彩图 38~彩图 41)。

②贺兰山国家级自然保护区。贺兰山位于宁夏与内蒙古两区交界，北起巴彦敖包，南至毛土坑敖包及青铜峡，山势险峻、气势宏伟，若群马奔腾，蒙古语称骏马为“贺兰”，故名贺兰山。区内风光秀丽、林涛阵阵，保护区内集中分布着中国西北地区约 15 万亩大范围的云杉林，伫立于主峰放眼远眺，犹如江潮汹涌澎湃，“万壑松涛”与“贺兰晴雪”交相辉映，自然风光一览无余。

贺兰山自然资源富饶，生物多样性丰富。植被垂直地带性差异明显，包含高山灌丛草甸、落叶阔叶林、针阔叶混交林、青海云杉林、油松林、山地草原等多种类型。自然分布的野生植物有青海云杉、山杨、白桦、油松、蒙古扁桃等 665 种，野生动物有马鹿、獐、盘羊、金钱豹、青羊、石貂、蓝马鸡等 180

余种，包括国家重点保护野生动物43种，其中国家一级保护野生动物8种，国家二级保护野生动物35种。

贺兰山作为中国西北地区一条重要的自然地理分界线，不仅是中国河流外流区与内流区的分水岭，也是季风气候和非季风气候的分界线、中国草原与荒漠的划境线。贺兰山承担着宁夏回族自治区重要的生态安全屏障功能，山势的阻挡，既削弱了西北高寒气流的东袭，阻止了潮湿的东南季风西进，又遏制了腾格里沙漠的东移，形成了东部半农半牧区产业、西部纯牧区发展的格局，东西两侧气候差异颇大(彩图42、彩图43)。

③宁夏沙湖生态旅游区。宁夏沙湖生态旅游区作为中国十大魅力湿地、宁夏新十景之一，镶嵌于贺兰山下、黄河岸边，距宁夏回族自治区首府银川市42 km。景区总面积80.10 km^2，22.52 km^2的沙漠与45 km^2的水域毗邻而居，融江南水乡之灵秀与塞北大漠之雄浑为一体，被誉为“塞上明珠”。

宁夏沙湖湿地自然资源丰富，物种多样性极高。生活有脊椎动物241种，其中哺乳类28种、鸟类178种、爬行类10种、两栖类2种、鱼类23种。包括国家一级保护野生动物4种，分别是黑鹳、中华秋沙鸭、白尾海雕和大鸨，国家二级保护野生动物24种，如大鲵、角䴙䴘、斑嘴鹈鹕、白琵鹭、红隼等。湿地植被类型多样，主要有盐生植被、沙生植被、水生植被和落叶阔叶林等。分布有维管植物162种，其中被子植物155种、裸子植物6种、蕨类植物1种。包含国家一级保护野生植物1种，即苏铁，国家二级保护野生植物2种，分别是沙芦草和野大豆。

“沙湖慷慨飞百鸟，换得美丽悦人间。”沙湖是著名的候鸟天堂，这里每年都举办国际观鸟节，曾被美国有线电视新闻网(CNN)评为“中国观鸟首选之地”。3~10月，近200种候鸟云集于此，最多时可达百万只(彩图44~彩图46)。

7. 福建生物多样性

2016年12月，习近平总书记对生态文明建设作出重要指示强调，生态文明建设是“五位一体”总体布局和“四个全面”战略布局的重要内容。各地区各部门要切实贯彻新发展理念，树立“绿水青山就是金山银山”的强烈意识，努力走向社会主义生态文明新时代。

习近平总书记强调，要深化生态文明体制改革，尽快把生态文明制度的“四梁八柱”建立起来，把生态文明建设纳入制度化、法治化轨道。要结合推进供给侧结构性改革，加快推动绿色、循环、低碳发展，形成节约资源、保护环境的生产生活方式。要加大环境督查工作力度，严肃查处违纪违法行为，着力解决生态环境方面突出问题，让人民群众不断感受到生态环境的改善。各级党委、政府及各有关方面要把生态文明建设作为一项重要任务，扎实工作、合力攻坚、坚持不懈、务求实效，切实把党中央关于生态文明建设的决策部署落到实处，为建设美丽中国、维护全球生态安全作出更大贡献。

福建省地处中国东南沿海，境内河流水系众多，水资源丰富。河流多数省内发源，并独立入海，形成众多的河口湿地，区位独特，生物多样性资源丰富。由于地处中亚热带、南亚热带，福建气候温暖湿润、生境复杂、景观多样，地形地貌以山地丘陵为主，占福建总面积的 80%以上，素有“八山一水一分田”之称。

(1)野生动植物

福建省野生动物资源丰富，自然分布有脊椎动物 1693 种，约占全国的 24%，其中哺乳类 147 种、鸟类 557 种、爬行类 123 种、两栖类 46 种，鱼类 820 种，此外还有昆虫 10 000 余种。国家重点保护野生动物 164 种，约占全国的 37%，其中国家一级保护野生动物 22 种，如华南虎、金钱豹、中华秋沙鸭等，国家二级保护野生动物 142 种，如黑熊、藏酋猴、猕猴、白鹇等，省级重点保护野生动物 76 种，其中黄腹角雉、白颈长尾雉、中华秋沙鸭、黑麂和大鲵为中国特有种。

(2)森林生态系统

福建省森林总面积 801. 27 万 hm^2，有林地面积超过 750 万 hm^2，活立木蓄积量 6. 67 万 m^3，森林蓄积量 6. 08 万 m^3，森林覆盖率达 66. 8%，森林覆盖率居中国首位。其中，天然林面积 423. 58 万 hm^2，天然林蓄积量 3. 59 万 m^3，人工林面积 377. 69 万 hm^2，人工林蓄积量 2. 49 万 m^3。森林蓄积量 100. 20 m^3/hm^2，是生物多样性最丰富的地区之一。

(3)湿地生态系统

福建省湿地总面积 87. 1 万 hm^2，占福建总面积的 7%。其中，自然湿地面积 71. 11 万 hm^2，人工湿地面积 15. 98 万 hm^2。湿地类型多样，分为近海与海岸湿地、河流湿地、湖泊湿地、沼泽湿地和人工湿地 5 类 21 型，其中近海与海岸湿地 57. 56 万 hm^2，河流湿地 13. 51 万 hm^2，湖泊湿地 0. 03 万 hm^2，沼泽湿地 0. 02 万 hm^2。湿地资源以近海与海岸湿地、河流湿地和人工湿地为主，分别约占福建湿地面积的 66%、15%、18%。

湿地生物多样性极为丰富，脊椎动物 847 种，有中华鲟、鼋、中华秋沙鸭、中华白海豚等 10 种国家一级保护野生动物，花鳗鲡、黑脸琵鹭、中华燕鸥、水獭、江豚等 56 种国家二级保护野生动物；湿地高等植物 1351 种，有东方水韭、水松和莼菜 3 种国家一级保护野生植物，珊瑚菜、野大豆、中华结缕草等19种国家二级保护野生植物。

(4)典型案例

①武夷山国家公园。武夷山国家公园植被类型多样，垂直分带明显。除典型的地带性植被——常绿阔叶林外，还有温性针叶林、暖性针叶林、温性针叶阔叶混交林、常绿落叶阔叶混交林、竹林、常绿阔叶灌丛、落叶阔叶林、落叶阔叶灌丛、灌草丛、草甸等10个植被型，囊括了中国乃至中亚热带地区所有植被类型，构成了“一山多景”的神奇景观。由于第四纪冰川对本区影响较小，加之复杂的地质地貌和小气候条件，武夷山成为许多古老、孑遗类群及珍稀濒危保护植物的“避难所”。园区现有古树群21个，珍贵古树61种，它们是极其珍贵的自然遗产，也是环境变迁的历史见证。

武夷山国家公园物种多样性丰富，是中亚热带野生动植物的种质基因库。有高等植物2799种，包括苔藓植物345种、蕨类植物314种、裸子植物26种和被子植物2114种，其中有国家重点保护野生植物24种；脊椎动物558种，其中有国家重点保护野生动物65种，已列入《濒危野生动植物物种国际贸易公约》的65种。这里也是“鸟的天堂”，栖息分布鸟类302种，包括国家一级保护野生鸟类黄腹角雉、白颈长尾雉和中华秋沙鸭等，蛇类58种，昆虫6849种，约占中国昆虫种数的1/5，其中金斑喙凤蝶被誉为“蝶中仙子”，是中国唯一被列入国家一级保护野生动物的蝶类。

武夷山国家公园位于福建省西北部，总面积1001.41 km^2，呈东北—西南走向，主峰黄岗山，海拔2160.8 m，为中国大陆东南部最高峰，素有“华东屋脊”的美誉。武夷山国家公园是中国东南部唯一的具有全球意义的生物多样性保护关键区域，分布着世界同纬度带现存最完整、最典型、面积最大的中亚热带原生性森林生态系统，生物多样性资源丰富(彩图47~彩图49)。

②福建漳江口红树林国家级自然保护区。福建漳江口红树林国家级自然保护区位于福建省漳州市云霄县境内，地处漳江入海口咸淡水交汇处，是以红树林湿地生态系统、濒危动植物物种和东南沿海优质水产种质资源为主要保护对象的湿地生态系统类型自然保护区，是中国北回归线北侧物种最多，长势最好的红树林天然群落之一，2008年2月被列入《国际重要湿地名录》，是福建省迄今为止唯一一处国际重要湿地。保护区总面积2360 hm^2，保存了福建省面积最大、中国天然分布最北大面积天然红树林，具有较高的自然属性和典型的植被群落特征，湿地生物多样性十分丰富。

保护区整体由河口水域、潮间带森林湿地(红树林沼泽)、滩涂(潮间带泥滩)和盐沼组成，内有红树林、芦苇、卡开芦沼泽、短叶茳芏盐沼、江河、滩涂、河滩、鱼塘、水田等多种天然及人工湿地，滩涂底质有泥滩、泥沙滩、沙滩等各种类型，河网密布，湿地环境多样。其中又以红树林植物秋茄、桐花、白骨壤等为建群种的红树林滩涂湿地为主，约占湿地总面积的55%。区域植被类型丰富，有红树林、滨海盐沼、滨海沙生植被3个植被型，白骨壤林等13个群系，秋茄-老鼠簕等22个群丛。

保护区生物多样性资源丰富，现有脊椎动物359种，其中哺乳动物14种、鸟类154种、爬行类37种、两栖类13种、鱼类141种，包括国家一级保护野生动物中华白海豚和缅甸蟒蛇2种，国家二级保护野生动物宽吻海豚、黄嘴白鹭、黑脸琵鹭、小杓鹬、小青脚鹬、绿海龟、棱皮龟、太平洋丽龟、虎纹蛙等19种，省级重点保护野生动物24种。保护区鸟类众多，涉及《中日候鸟保护协定》保护的鸟类77种，《中澳候鸟保护协定》保护的鸟类44种。区内有维管植物220种，红树林植物6种，盐沼植物30种，滨海植物184种(彩图50~彩图52)。

③三明市省级自然保护区。三明市地处闽中和闽西北结合部，以低山丘陵为主，河谷与盆地错落其间，地势呈西南高东北部低的分布特点。西北部毗邻武夷山脉，中部为玳瑁山脉，东南角依傍戴云山脉，境内峰峦耸峙、溪流密布，是中国集体林业改革试验示范区，拥有海峡两岸现代林业综合实验区，享有福建“绿色宝库”之美誉。

三明市总面积22 965 km^2，森林覆盖率达76.8%，活立木蓄积量1.15万m^3，毛竹储量3.8万株，人均林木林地资源位居全省第一。目前已建立森林和野生动植物类型自然保护区11个，其中国家级自然保护区5个，面积6.81万hm^2，省级自然保护区6个，面积1.77万hm^2。全市各类自然保护区林地总面积达16.96万hm^2，形成了保护类型齐全、布局合理、功能完备的自然保护区群网体系，对保护自然生态系统和珍稀、濒危物种发挥重要作用。

三明市省级自然保护区内生物多样性丰富，分布有国家一级保护野生植物6种，如南方红豆杉、银杏、钟萼木等，国家二级保护野生植物28种，如黑桫椤、红豆树、花榈木等；栖息着国家一级保护野生动物8种，如蟒蛇、黄腹角雉、云豹等，国家二级保护野生动物53种，如白鹇、穿山甲等。保持着相对稳定的区域群落生态环境，成为陆生野生动植物主要的栖息和繁衍家园，保护区内80%以上的陆生珍稀、濒危野生动植物种和70%以上典型的森林生态植被类型在此得到良好保护(彩图53~彩图55)。

8. 广东生物多样性

2019年2月中共中央、国务院印发了《粤港澳大湾区发展规划纲要》(以下简称《纲要》)指出：改革开放以来，特别是香港、澳门回归祖国后，粤港澳合作不断深化实化，粤港澳大湾区经济实力、区域竞争力显著增强，已具备建成国际一流湾区和世界级城市群的基础条件。

《纲要》要求：牢固树立和践行绿水青山就是金山银山的理念，像对待生命一样对待生态环境，实行最严格的生态环境保护制度。坚持节约优先、保护优先、自然恢复为主的方针，以建设美丽湾区为引领，着力提升生态环境质量，形成节约资源和保护环境的空间格局、产业结构、生产方式、生活方式，实现绿色低碳循环发展，使大湾区天更蓝、山更绿、水更清、环境更优美。

实施重要生态系统保护和修复重大工程，构建生态廊道和生物多样性保护网络，提升生态系统质量和稳定性。划定并严守生态保护红线，强化自然生态空间用途管制。加强珠三角周边山地、丘陵及森林生态系统保护，建设北部连绵山体森林生态屏障。加强海岸线保护与管控，强化岸线资源保护和自然属性维护，建立健全海岸线动态监测机制。强化近岸海域生态系统保护与修复，开展水生生物增殖放流，推进重要海洋自然保护区及水产种质资源保护区建设与管理。推进“蓝色海湾”整治行动、保护沿海红树林，建设沿海生态带。加强粤港澳生态环境保护合作，共同改善生态环境系统。加强湿地保护修复，全面保护区域内国际和国家重要湿地，开展滨海湿地跨境联合保护。

广东省地处中国大陆的南部，东邻福建，北接江西、湖南，西连广西，南临南海，西南端隔琼州海峡与海南省相望，总面积 17.8 万 km^2，约占中国陆地面积的 1.85%，大陆岸线长 3368.1 km，沿海岛屿 759 个，内陆江河主要有珠江、韩江、漠阳江和鉴江等，境内山地、平原、丘陵纵横交错，是“七山一水二分田”的林业大省。

广东省有各类自然保护地共 1359 个，其中自然保护区 377 个、风景名胜区 28 个、地质公园 19 个、矿山公园 2 个、森林公园 712 个、湿地公园 214 个、海洋特别保护区 7 个，形成了保护类型齐全、布局合理、生态效益和社会效益较显著的自然保护体系，成为全国自然保护地建立最早、数量最多的省份，自然保护地占全省总面积的 16.39%。

(1)野生动植物

广东省共有陆生脊椎野生动物 774 种，包括国家重点保护野生动物 114 种，其中国家一级保护野生动物 20 种，国家二级保护野生动物 94 种，省级重点保护陆生野生动物 76 种。野生动物中哺乳类共 110 种，包括国家一级保护野生动物华南虎、云豹、穿山甲等 8 种，国家二级保护野生动物猕猴、黑熊、水鹿等 14 种；鸟类共 507 种，包括国家一级保护野生动物白腹军舰鸟、中华秋沙鸭、白尾海鹏等 9 种，国家二级保护野生动物海南虎斑鳽、黑脸琵鹭、白鹇等 77 种；两栖类共 45 种，包括国家一级保护野生动物虎纹蛙 1 种；爬行类共 112 种，包括国家一级保护野生动物蟒、巨蜥、鳄蜥 3 种，国家二级保护野生动物大壁虎、凹甲陆龟 2 种；昆虫 1 万种以上，已定名的昆虫 8100 种，包括国家一级保护野生动物金斑喙凤蝶 1 种。

广东省共有维管植物 7700 余种，包括国家重点保护野生植物 55 种，其中国家一级保护野生植物 7 种，国家二级保护野生植物 48 种。野生植物中蕨类植物有 607 种，包括国家二级保护野生植物苏铁蕨、桫椤、金毛狗等 11 种；裸子植物 29 种，包括国家一级保护野生植物台湾苏铁、仙湖苏铁、南方红豆杉、水松 4 种，国家二级保护野生植物篦子三尖杉、福建柏、华南五针松、白豆杉 4 种；被子植物 5499 种，包括国家一级保护野生植物伯乐树、报春苣苔、合柱金莲木 3 种，国家二级保护野生植物四药门花、丹霞梧桐、土沉香等 33 种。

(2) 森林生态系统

广东省北部南岭地区植被类型为亚热带山地常绿阔叶林，中部为亚热带常绿季雨林，南部为热带常绿季雨林，主要以针叶林、中幼林为主。广东省森林总面积 1052. 41 万 hm^2，森林覆盖率 58. 61%，森林蓄积量 57 870 万 m^3。

(3) 湿地生态系统

广东省湿地资源丰富，现有湿地类型 5 类 21 型，湿地总面积 175. 34 万 hm^2，占广东总面积的 10%。其中，近海与海岸湿地面积 81. 51 万 hm^2，河流湿地面积 33. 79 万 hm^2，湖泊湿地面积 0. 15 万 hm^2，沼泽湿地面积 0. 36 万 hm^2，人工湿地面积 59. 53 万 hm^2。

(4) 典型案例

①粤港澳大湾区。粤港澳大湾区包括香港特别行政区、澳门特别行政区和广东省广州市、深圳市、珠海市、佛山市、惠州市、东莞市、中山市、江门市、肇庆市，总面积 5. 6 万 km^2，是中国开放程度最高、经济活力最强的区域之一，在国家发展大局中具有重要战略地位。

广东自先秦伊始成为中国传统农耕文明的发源地，新中国成立之后，成为改革开放经济崛起的排头兵，自然景观与金融商务并驾齐驱。位于大湾区内的象头山国家级自然保护区，以保护低山和沟谷地区的南亚热带常绿季雨林和山地亚热带常绿阔叶林以及保护区内的珍稀濒危的野生动植物及其生境为核心，动植物物种非常丰富，有陆生脊椎野生动物 418 种，包括国家重点保护野生动物 40 种，其中国家一级保护野生动物云豹、蟒蛇和中华穿山甲 3 种，国家二级保护野生动物虎纹蛙、三线闭壳龟、凤头鹃隼等37种，另有鱼类72种。有维管植物1862种，其中蕨类植物135种、裸子植物16种、被子植物1711种，有国家重点保护野生植物12种，如格木、半枫荷、黑桫椤等。位于大湾区内的肇庆星湖国家湿地公园，是中国首个国家级湿地公园，是中国亚热带地区最具典型性和代表性的岩溶湖泊湿地。位于湿地区域内的仙女湖鸟类保护区，于2003年以来成功引进丹顶鹤等国家重点保护珍禽异兽，成为生物多样性保护的典型案例。

香港作为国际金融中心，是世界商务合作的中转站。明朝初期，香港岛因转运香料沉香而得名，故名“香港”。地形地貌以丘陵、山地为主，263座岛屿环绕其间。大屿山作为香港境内面积最大的岛屿，位于香港西南面，总面积约147 km^2，海岸线漫长曲折，港湾与沙滩、高山与流水、自然景观和历史古迹交相辉映，拥有独特的天然景致、丰富的生态环境、朴素的人文风情等。

澳门北邻广东省珠海市拱北，西与珠海市的湾仔和横琴对望，东与香港隔海相望，南临中国南海，由澳门半岛、凼仔岛、路环岛和路凼城4部分组成。(彩图56~彩图58)。

②广东南岭国家级自然保护区。南岭国家级自然保护区位于广东省北部，地处南岭山脉中段南麓，是中国南部最大的山脉，长江水系和珠江水系的分水岭，中国重要的自然地理分界线。保护区总面积58 368.4 hm^2，森林覆盖率高达98%以上，植被茂密，是中国东南部常绿阔叶林的典型代表，保存着完整的山地森林生态系统和原生植被垂直带。

南岭国家级自然保护区作为广东省面积最大、森林资源最丰富的自然保护区，是珠江流域重要的水源涵养林区，世界同纬度地区面积最大的绿洲，成为沿海东南部城市最重要的生态安全屏障。保护区主要保护对象为亚热带常绿阔叶林和珍稀濒危野生动植物及其栖息地，是广东省最大的物种基因库。

南岭国家级自然保护区物种多样性丰富，有野生脊椎动物622种，其中，兽类98种、鸟类316种、爬行类99种、两栖类44种、硬骨鱼类65种；已鉴定记录昆虫3195种，其中蝶类529种、蛾类2082种、鞘翅目昆虫584种。陆栖脊椎动物包括中国特有种44种，国家重点保护野生动物76种，其中国家一级保护野生动物11种，分别为熊猴、云豹、豹、华南虎、林麝、梅花鹿、黑麂、白颈长尾雉、黄腹角雉、蟒蛇和金斑喙凤蝶，国家二级保护野生动物65种,省级保护野生动物26种。保护区有高等植物3890种，其中维管植物3539种，包括蕨类植物363种、裸子植物19种、被子植物3157种。涉及国家重点保护野生植物22种，其中国家一级保护野生植物3种，分别是南方红豆杉、伯乐树和莼菜，国家二级保护野生植物 19 种(彩图 59、彩图 60)。

9. 重庆生物多样性

习近平总书记在视察重庆时特别强调，重庆是长江上游生态屏障的最后一道关口，对长江中下游地区生态安全承担着不可替代的作用，要筑牢长江上游重要生态屏障。重庆要有上游的责任和担当，坚持上中下游协同，按照统筹山水林田湖草系统治理的思路，实施长江生态环境系统性保护修复。

重庆位于中国西南部，长江上游地区，地跨青藏高原与长江中下游的过渡地带，地势由南北向长江河谷逐渐降低，西部和中部以丘陵、低山为主，东南部是大巴山、武陵山两大山脉，坡地较多，素有“山城”之称。重庆属中亚热带湿润季风气候，雨热同季，热量充足，降水丰沛。复杂的地形，多样的地貌，温和的气候及纵横的河流，造就了重庆丰富的生物资源，是生物多样性较为丰富的地区，也是全球 34 个生物多样性关键地区之一。

(1) 野生动植物

重庆市因其独特的气候和地理环境孕育了丰富的生物多样性，保存了大量的珍稀濒危物种。重庆市域内分布陆生野生脊椎动物 800 余种，无脊椎动物 4300 余种，其中有国家一级保护野生动物 11 种，如豹、云豹、黑叶猴、林麝、金雕等；国家二级保护野生动物 54 种，如红腹锦鸡、长耳鸮、斑羚、大灵猫、小灵猫等。

重庆市域内分布有野生维管植物 6000 余种，其中有国家一级保护野生植物 9 种，如珙桐、银杉、伯乐树等；国家二级保护野生植物 40 种，如楠木、鹅掌楸、连香树等。重庆市重点保护野生植物 46 种，如崖柏、荷叶铁线蕨、金佛山兰等。缙云黄芩、南川木菠萝等为重庆特有物种。1998 年被世界自然保护联盟列为中国已灭绝的 3 种植物之一的崖柏在重庆被重新发现。

(2) 森林生态系统

重庆市林地面积 6802 万亩，森林面积 6197 万亩，林木蓄积量 2.31 万 m^3，森林覆盖率 50.1%。全市拥有各类自然保护区 58 个，风景名胜区 36 个，森林公园 83 个。

(3) 湿地生态系统

重庆市湿地总面积 20.72 万 hm^2，湿地面积占全市总面积的 2.51%。湿地类型多样，自然湿地面积 8.77 万 hm^2，占重庆湿地总面积的 42.30%，包含河流湿地 8.73 万 hm^2、湖泊湿地 0.03 万 hm^2、沼泽湿地 0.01 万 hm^2。建有 12 处湿地自然保护区，22 处国家湿地公园，4 处市级湿地公园。

湿地生物资源丰富，有脊椎动物563种，其中有国家一级保护野生动物5种，国家二级保护野生动物21种。有高等植物707种，其中国家二级保护野生植物4种，金荞麦为中国特有种；人工栽培国家一级保护野生植物有水杉、莼菜等。

(4)典型案例

①重庆大巴山国家级自然保护区。大巴山国家级自然保护区地处大巴山弧形褶皱的核心区域，是中国大地地貌第二级阶梯与第三级阶梯的过渡地带，属中国三大种子植物特有分布中心之一。区内秦岭山脉阻挡了第四纪冰川对保护区的影响，使之成为第四纪冰期生物的“避难所”，在此保留下来大量珍稀濒危的孑遗物种。大巴山目前已被《中国生物多样性国情研究报告》、世界自然基金会等列入中国生物多样性保护的关键地区和热点生态区，被《中国生物多样性保护战略与行动计划(2011—2030)》列入中国35个生物多样性保护优先区域之一，中国生物多样性保护17个关键地区之一，物种丰富，生物多样性资源突出。

保护区总面积115 750 hm^2，属森林生态系统类型自然保护区，植被类型以亚热带偏湿性常绿阔叶林为主，森林覆被率达80%。受地形地貌与气候条件的影响，保护区内植被呈明显的垂直带状分布，为森林生态系统、生物演变、物种遗传等科学研究提供天然支撑。

被世界自然保护联盟公布为极度濒危的物种——崖柏，是保护区内的核心保护植物，因其耐严寒、瘠薄的自然属性，被誉为“巴山之魂”，有“巴山明珠”的美誉。保护区内生物多样性丰富，有高等维管植物3571种，其中有国家一级保护野生植物红豆杉、珙桐、银杏、水杉等6种，国家二级保护野生植物红椿、润楠、篦子三尖杉、连香树等35种。现分布野生动物1278种，其中国家一级保护野生动物林麝、豹、金雕等5种，国家二级保护野生动物黑熊、猕猴等38种(彩图61~彩图63)。

②重庆金佛山国家级自然保护区。金佛山国家级自然保护区位于重庆市南川区境内，地处四川盆地东南缘与云贵高原的过渡地带，是重庆市第一个国家级自然保护区，由108座山峰组合而成。金佛山又名金山，古称九递山，总面积40 597 hm^2，以大娄山脉最高峰。植被呈现明显的山地垂直带谱，且是东洋界和古北界一南一北两大动物区系交汇处，生物多样性十分丰富，有银杉、珙桐、金佛山兰、白颊黑叶猴等濒危、特有的孑遗物种，是国家珍贵的生物多样性“基因库”，国家一级保护野生植物银杉、国家一级保护野生动物黑叶猴分布的最北界。

保护区是中国中亚热带常绿阔叶林森林生态系统保存最完好的地区之一，

也是野生珍稀濒危动植物富集的地区，具有古地理、古地质、古气候、古生物的历史研究价值和综合保护价值，中国生物多样性保护的关键地区和优先、重点保护区域。

保护区的生物区系起源古老，由于受第四纪冰川影响较小，保留许多孑遗植物，如银杏、银杉、珙桐、红豆杉等，其生物区系具古老性、多样性。保护区有维管植物 4543 种，其中，中国特有植物 200 余种，以南川或金佛山命名的模式产地植物 471 种。已知脊椎动物 465 种，昆虫 2067 种(彩图 64、彩图 65)。

③重庆阴条岭国家级自然保护区。阴条岭国家级自然保护区位于大巴山东南段，渝、鄂交界处巫溪县东部，与湖北十八里长峡国家级自然保护区、湖北堵河源国家级自然保护区和重庆五里坡国家级自然保护区的核心区接壤，与神农架大九湖湿地省级自然保护区相邻、与重庆大巴山国家级自然保护区和重庆雪宝山国家级自然保护区相望，是重庆乃至整个大巴山地区的典型代表，中国西南山地区域重要的森林生态系统保护地，具有国际意义的生物多样性保护地区，三峡库区重要的生态屏障和原始珍贵的生态保护地。

保护区总面积 22 423. 1 hm^2，地形复杂，山势险峻，最高峰阴条岭海拔 2796. 8 m，是重庆市最高峰。植被类型多样，可划分为 11 个植被型 15 个植被亚型 49 个群系，森林植被在海拔分布上具有明显的垂直地带性植被特征，由低到高依次分布有暖性针叶林、常绿阔叶林、常绿落叶阔叶混交林、落叶阔叶林、温性针阔叶混交林、温性针叶林、寒温性针叶林等。其中大范围森林保存着原始植被类型，物种资源丰富。

保护区野生植物资源丰富，有维管植物 3595 种，其中国家重点保护野生植物 43 种，包括国家一级保护野生植物珙桐、光叶珙桐、红豆杉、南方红豆杉、银杏、水杉 6 种，国家二级保护野生植物 26 种。分布有脊椎动物 334 种，昆虫 830 种，其中国家一级保护野生动物金雕、川金丝猴、林麝等 5 种，国家二级保护野生动物 33 种(彩图 66~彩图 68)。

10. 贵州生物多样性

2017 年 10 月，习近平总书记在参加党的十九大贵州省代表团讨论时强调：守好发展和生态两条底线，创新发展思路，发挥后发优势，决战脱贫攻坚，决胜同步小康，续写新时代贵州发展新篇章，开创百姓富、生态美的多彩贵州新未来。

贵州省位于我国西南部，长江中上游，境内地势西高东低，自中部向北、东、南三面倾斜，平均海拔 1100 m。贵州河流处在长江和珠江两大水系上游交错地带，长度在 10 km 以上的河流有 984 条。贵州属亚热带高原山区，气候温暖湿润，地势起伏剧烈，境内山脉众多，绵延纵横，重峦叠嶂，山高谷深，地貌类型多样，地表组成物质及土壤类型复杂，形成了比较完整的森林生态系统多样性，全省森林覆盖率达到 59.95%。贵州已知生物物种 24 547 种，生物多样性丰富度排在全国前列。

(1)野生动植物

贵州共有野生脊椎动物 1053 种。列入《国家重点保护野生动物名录》的 106 种，其中，国家一级保护野生动物 18 种，包括黔金丝猴、黑叶猴、云豹、黑颈鹤等；国家二级保护野生动物 88 种，包括鸳鸯、红腹锦鸡、白腹锦鸡、白冠长尾雉、猕猴等。

贵州处在中国蝶类资源最丰富最集中的云贵高原区域，以世界珍稀名蝶三尾褐凤蝶为代表，荟萃了中国的珍稀蝴蝶：喙凤蝶、突缘麝凤蝶、窄斑翠凤蝶、绿带燕凤蝶、尾纹凤蝶、紫斑环蝶等，以及中国最大的金裳凤蝶，中国独有的宽尾凤蝶，贵州独有的雷公山金灰蝶、毕节梳灰蝶、贵州靛灰蝶等。

贵州共有维管植物 8612 种，隶属 252 科 1781 属，其中裸子植物 117 种、被子植物 7645 种。列入《国家重点保护野生植物名录》的野生植物有 78 种，其中国家一级保护野生植物有银杏、银杉、珙桐、红豆杉等 18 种；国家二级保护野生植物有桫椤、连香树、马尾树、水青树等 60 种。还有梵净山冷杉、幅花苣苔、银杉、喙核桃、异形玉叶金花、白花兜兰等 280 多种贵州特有种子植物。

(2)森林生态系统

贵州森林资源丰富，森林发育的生境条件复杂多样，森林类型的地理分布错综复杂。贵州分为东部湿润性常绿阔叶林地带、西部半湿润性常绿阔叶林地带、南部边缘半湿润山地季雨林地带 3 个地带。林地面积 1033.0676 万 hm^2，森林面积 1056.1252 万 hm^2，森林覆盖率 59.95%，森林蓄积量 5.97 万 m^3。贵州具有完整群落结构的乔木林面积优势突出，森林生态系统稳定性高，森林资源持续稳定健康增长，对贵州乃至长江流域、珠江流域的经济、社会可持续发展和生态环境的保护及改善均发挥了极其重要的作用。

(3)草原生态系统

贵州有天然草地 2402 万亩。东有“黔东草海”松桃磐石草场，南有国际合作建设的林草融合典范独山草种繁殖场，西有我国南方地区第一片飞播建植草地威宁灼甫草场，北有退牧还草岩溶草地治理工程示范基地务川栗园草场。贵州海拔最高处的赫章韭菜坪草场，到了秋天就变成花的海洋，形成了人与自然和谐共生的草原生态系统多样性。贵州草地类型主要有热性灌草丛类、暖性灌草丛类、山地草甸类、低地草甸类4个草地类，有白茅加黄背草等32个草地型。草地物种多样性丰富，共有种子植物203科1200属，5000多种，居全国前列，为牧草育种和草地改良提供了丰富的种质资源，是放牧家畜和野生动物的重要食物来源和生境。以禾本科植物为例，全国野生禾本科草本植物180属766种，在贵州天然草地上就有101属319种，属和种分别占全国的56%和41.6%。世界一些著名的优良栽培牧草品种，如鸭茅、狗牙根、白三叶、百脉根等，在贵州都有野生种或逸生种，还有金荞麦等国家二级重点保护野生植物。

(4)湿地生态系统

贵州省是典型的湿地小省，省内岩溶地貌分布广泛，湿地资源更显珍贵且脆弱。贵州现有湿地23.49万 hm^2，湿地率1.33%，有河流、沼泽、人工和湖泊湿地4大类15型。其中，以永久性河流为主，占比65.87%，是长江、珠江中上游重要的生态屏障。贵州省湿地面积虽然不大，却拥有丰富的湿地物种多样性，有湿地植物1457种，其中国家重点保护野生植物21种；湿地脊椎动物618种，其中国家重点保护野生动物48种，贵州省特有种20种。

(5)典型案例

①贵州梵净山国家级自然保护区。贵州梵净山国家级自然保护区总面积42 863 hm^2，森林覆盖率96.91%，是以保护原始森林生系统和物种多样性为主的自然保护区，主要保护黔金丝猴、珙桐和梵净山冷杉等珍稀濒危野生动植物，其中黔金丝猴是中国4种金丝猴中最濒危的，仅分布于梵净山自然保护区。保护区生物多样性极其丰富。

1978年贵州省设立梵净山自然保护区，1986年成为首批17个国家级自然保护区之一，被联合国教科文组织列入世界生物圈保护区网络，是中国第4个加入该网络的世界生物圈保护区。2018年7月，梵净山成功列入世界自然遗产名录，贵州成为我国世界自然遗产最多的省份。国际天文学联合会小行星命名委员会将编号为“215021”号的小行星，永久命名为“梵净山星”(彩图69~彩图72)。

②贵州茂兰国家级自然保护区。茂兰国家级自然保护区内居住着布依族、水族、苗族、瑶族、毛南族、汉族等民族群众11 000余人，少数民族人口占总人口的89%。各民族历经世代繁衍、日月更替，在漫长的历史发展长河中，与自然紧密联系，形成了各自鲜明独特的民族风俗和文化。许多民族目前还保持着原始而淳朴的自然祭祀活动，如布依族的祭树神，水族的祭山神、过端节

(庆丰收)等活动世代相传，人们尊重自然、顺应自然、保护自然，充分体现了人与自然和谐共生的理念。正因如此，茂兰喀斯特原始森林得以完好地保存下来，成为璀璨的绿色明珠，熠熠生辉。如今地球上广布的喀斯特地貌大多已失去森林植被覆盖，茂兰喀斯特森林是地球同纬度地区残存下来的面积最大、相对集中、原生性强、相对稳定的喀斯特森林生态系统，是世界上珍贵的喀斯特森林资源。保护区内大面积喀斯特地貌及原始森林的存在，为喀斯特地区珍稀动植物和地方特有动物繁衍生息提供了场所，具有重大的保护和科研价值(彩图 73、彩图 74)。

③马岭河峡谷风景名胜区。马岭河峡谷风景名胜区位于贵州省黔西南布依族苗族自治州首府兴义市东北部，是国家自然遗产。岩溶地貌景观是马岭河峡谷的主要特色，是在云贵高原西部向广西丘陵过渡斜坡地区形成的，拥有云贵高原东坡新生代以来各个时期形成的岩溶峡谷、洼地、峰林、峰丛、盆地、溶洞、石林、漏斗、地下暗河等各种类型的岩溶地质遗迹，景观多样性丰富。其中，峰丛峰林地貌景观的分布范围之广、类型之多样、形态之丰富、发育之完整，在国内乃至世界范围都是罕见的(彩图 75、彩图 76)。